海南岛西部海域
生态环境与生物资源

吴钟解　李元超　陈石泉　等 著

海洋出版社

2019年·北京

图书在版编目（CIP）数据

海南岛西部海域生态环境与生物资源 / 吴钟解等著.
—北京：海洋出版社，2019.10
ISBN 978-7-5210-0393-2

Ⅰ.①海… Ⅱ.①吴… Ⅲ.①海南岛－海洋环境－生态环境－研究②海南岛－海洋生物资源－研究 Ⅳ.①X145②P745

中国版本图书馆CIP数据核字(2019)第164292号

责任编辑：杨传霞　林峰竹
责任印制：赵麟苏

海洋出版社 出版发行
http://www.oceanpress.com.cn
北京市海淀区大慧寺路 8 号　邮编：100081
北京朝阳印刷厂有限责任公司印刷　新华书店北京发行所经销
2019年10月第1版　2019年10月第1次印刷
开本：787 mm × 1092 mm　1 / 16　印张：15
字数：249千字　定价：135.00元
发行部：62132549　邮购部：68038093　总编室：62114335

《海南岛西部海域生态环境与生物资源》撰写人员名单

吴钟解　李元超　陈石泉　蔡泽富

陈丹丹　张光星　梁计林　兰建新

陈晓慧　涂志刚　刘　维　叶翠杏

童玉和　谢海群　孙婺援　庞巧珠

邢孔敏　庞　勇

前言

海南省位于中国的最南端，北以琼州海峡与广东省分界，西濒北部湾与越南相望，南海东边和南边与菲律宾、马来西亚、文莱、印度尼西亚为邻，处于中国-东盟自由贸易区的地理中心位置。行政区域包括海南岛、西沙群岛、南沙群岛、中沙群岛等岛礁及海域，是全国唯一的热带岛屿省份和管辖海域面积最大的省份。海南省海域面积约200×10^4 km^2，海南岛海岸线长约1 944.35 km，共有海岛329个，潮间带面积约621.00 km^2，滨海湿地面积约3 101.44 km^2，拥有大小港湾（海湾）68个，海岸带面积约7 000 km^2；渔业资源丰富，生态环境良好，生态价值突出。

海洋是人类社会可持续发展的战略资源地，海洋资源储存巨大，是海洋经济发展的物质基础。海南省将海洋作为发展的着力点和支持点，优势明显，潜力巨大。海南省尽管不是海洋强省，但发展海洋经济的条件得天独厚，海洋经济保持了较高速度的增长，“十二五”期间，海洋生产总值年平均增长12.80%。但临高县、儋州市和昌江县是海南省西部地区传统渔业大县（市），渔业人口多，渔港基础设施落后，渔民抵御极端性气候灾害能力低。为改善渔民生活质量和提高防灾减灾能力，海南省从全省渔业发展的战略全局出发，整合临高县和儋州市渔港及配套设施和相关渔村基础设施建设工程、灾害预警系统建设、生态整治修复以及渔民安全生产培训等内容，统一归并为“海南省西部渔港建设项目”，目的是为加快海南省渔业基础设施建设进程，提升防灾减灾能力，改善项目区域内渔民生活质量，保护和修复海洋生态环境，促进全省渔业可持续发展。为推进“海南省西部渔港建设项目”的开展，海南省海洋与渔业厅委托海南省海洋与渔业科学院于2014—2015年开展海南岛西部沿岸海洋环境与资源调查，共布设了89个站位。

历史上可以借鉴的有关海南岛西部沿岸海洋环境资源的调查主要有：1987—1991年，我国开展了海湾调查——海南省海湾调查，出版了《中国海湾志·第十一分册·海南省海湾》，收录海口湾、铺前港湾、清澜湾、小海湾、新村湾、牙龙湾、榆林湾、三亚湾、洋浦湾、后水湾、金牌湾、马袅湾、澄迈湾13个海湾；2009—2011年，开展了“我国近海海洋综合调查与评价”（908专项），出版了《海南省热带典型海洋生态系统研究》、《海南省海洋经济发展与生态保护政策建议书》等专著。目前，针对海南省具体海区海洋生态环境和生物资源的详细调查却少有报道。本专著是在海南岛西部海域系统调查成果的基础上编撰而成的，以科学的调查技术和评价方法，以最新和翔实的数据资料，充分展示了海南岛西部临高海域、儋州海域及昌化海域3个市县管辖海域不同的生态环境状况，包括水体环境和沉积物环境；介绍了3个市县管辖海域的生物资源状况，包括海洋浮游生物、海洋大型底栖动物、渔业资源、红树林资源、珊瑚礁资源。本次调查也对临高、儋州以及昌江海域的海草资源开展了相关工作，发现区域内分布有贝克喜盐草、卵叶喜盐草和泰来草三种海草，但由于调查时间仓促，在原有海草分布的黄龙、新盈及抱才等海域未调查到，种类及分布面积不详，有待进一步调查分析，因此，海草不在本书中详细叙述。本书是海南岛西部海域海洋生物资源和海洋环境的最新最详细的家底，可为政府部门和开发企业在合理开发、科学利用海南岛西部海洋资源方面提供科学的决策依据，同时可满足海洋综合管理的需要，为保护海洋环境、保护海洋资源、制定保护策略提供科学的数据，也可为海洋科技工作者开展海洋调查、海洋研究、海域使用论证提供参考资料。

本著作得到了国家重点研发计划“典型脆弱生态修复与保护研究重点专项(2017YFC0506104)”及“公益性行业（农业）科研专项(201403008)”资助。感谢李向民研究员和王道儒研究员悉心指导！感谢傅爱民和叶慧的鼎力相助！感谢何晓娜、张羽翔、吴瑞、王月玲、陈敏、张明坚等协助调查，他们付出了辛劳和汗水，为本专著提供了翔实可靠的数据资料。

由于我们的经验不足，水平有限，书中难免存在不妥之处，恳请读者批评指正。

作者

2018年10月

目　录

第1章 海南岛西部海域概况

本专著所指的海南岛西部海域主要由临高、儋州、昌江三区海域组成，其位于南海北部，海南岛西岸，与雷州半岛、广西沿岸及越南沿岸合围成北部湾。北部湾面积接近13×10^4 km^2，平均水深42 m，最深达100 m。三区中有南流江、红河、珠碧江等河流注入北部湾。三区岸线长度共419.47 km，占海南岛岸线的21.57%；其中临高122.95 km、儋州230.55 km、昌江65.97 km，分别占海南岛岸线的6.32%、11.86%、3.39%。三区沿岸无居民海岛共99个，其中临高10个、儋州81个、昌江8个，面积分别为临高0.15 km^2、儋州0.83 km^2、昌江0.49 km^2；无居民海岛岸线长度分别为临高7.67 km、儋州37.75 km、昌江69.44 km。

1.1 临高海域

1.1.1 地理位置

临高县位于海南省的西北部，地处19°34′—20°02′N，109°03′—109°05′E，东部与澄迈县毗邻，西部和西南部与儋州市接壤，西北濒临北部湾，北临琼州海峡，与雷州半岛隔海相望。全境东西宽34 km，南北长47 km，陆地面积1 317 km^2。临高县海岸线东北起于与澄迈县交界的马袅湾，西南与儋州市后水湾交接，海岸线全长122.95 km，其中自然、人工和河口岸线长度分别为82.19 km、40.22 km和0.54 km，管辖海域面积约1 290.00 km^2。

1.1.2 自然条件

临高县海区全年以N—E向风为主，占全年的61.50%，其中ENE向频率最大，为23.30%，而S—NW向频率较小，频率最小为SSW向，仅占1.50%。平均风速以NEN向和NE向较大，分别为7.40 m/s、6.30 m/s，最小为S向和SE向，分别为2.50 m/s、2.90 m/s。

临高县年平均气温为23.00～25.00℃。7月气温最高，月平均气温为28.30℃；1月气温最低，月平均气温为16.90℃。

临高县位于热带季风区，为多雨地区之一，年平均降雨量为1 417.80 mm。各月降雨量分布不均匀，有明显的雨季和干季之分，从5月至10月为雨季，降雨量占年雨量的85%，特别是7月至9月，各月降雨量都在200.00 mm以上；11月至翌年4月为干季，降雨量少，仅占年雨量的15%。

临高县海域波浪常浪向为W—ENE向，出现频率为80.00%，其中主要为ENE向，频率为21.70%，其次为N向和NNW向，各占15.30%和13.30%，其他方向的出现频率都较小，一般都在5.00%以下。平均波高以ENE向和W向最大，为0.70 m，SE向、SSE向最小，为0.30 m。

临高县海域潮汐属正规日潮，最高高潮位4.28 m，平均高潮位2.96 m，最低低潮位0.15 m，平均低潮位1.17 m，最大潮差3.83 m，平均潮差1.80 m。

临高县海域潮流表现为不正规日潮流特性，出现落潮西南向和涨潮西南向流，涨潮北偏东向和落潮北偏东向流，有较为明显的潮流滞后现象。垂向上表层流速大，底层流速小。

热带气旋是影响临高县的主要自然灾害，年平均3.10次，多发生在5—10月，8—10月最多。

1.1.3 地质地貌

临高海岸地处琼北海岸线的西部地段，沿岸的地质构造与琼北沿岸一样同属雷琼坳陷南部的组成部分。在地质历史时期，历次的地壳构造运动，对该坳陷南部产生断裂构造痕迹，除控制雷琼坳陷南缘的王五—文教东西向大断裂带外，在该坳陷南部还有NW向、NE向、S—N向的断裂带以及次一级的E—W向断裂。由于这些断裂带在时间上先后发生，在空间展布上相互交错，因而使琼北地区的地体被分割为破碎的块体。第四纪时期新构造活动引起坳陷区南部的地体抬升，使雷琼坳陷区南部构造形态以玄武岩台地的地貌形态突显出来。沿岸展布的玄武岩构成向琼州海峡南缘伸突的岬角，在很大程度上控制了琼北岸线的基本轮廓。全新世海侵，使琼北海岸形成岬角、港湾相间的蜿蜒曲折岸线。

1.1.4 生物资源

根据“海南省西部渔港建设项目”2014—2015年的调查成果，临高附近海域有浮游植物5门54属108种左右（包括变种及变型），细胞丰度介于1.39×10^4 ~ $4\ 546.00\times10^4$ cells/m^3，优势种类主要为细弱海链藻（*Thalassiosira subtilis*）、佛氏海毛藻（*Thalassiothrix frauenfeldii*）、钟状中鼓藻（*Bellerochea horologicalis*）、中肋骨条藻（*Skeletonema costatum*）、菱形海线藻原变种

（*Thalassionema nitzschioides* var. *nitzschioides*）、宽梯形藻（*Climacodium frauenfeldianum*）、奇异棍形藻（*Bacillaria paradoxa*）、优美辐杆藻（*Bacteriastrum delicatulum*）、覆瓦根管藻（*Rhizosolenia imbricata*）、劳氏角毛藻（*Chaetoceros lorenzianus*）、薄壁几内亚藻（*Guinardia flaccida*）、螺端根管藻（*Rhizosolenia cochlea*）等。

临高附近海域有浮游动物13类55属75种（不包括浮游幼体及鱼卵与仔鱼），优势种类有长腕类幼体（Ophiopluteus larva）、中华哲水蚤（*Calanus sinicus*）、中型莹虾（*Lucifer intermedius*）、双生水母（*Diphyes chamissonis*）、微刺哲水蚤（*Canthocalanus pauper*）、肥胖箭虫（*Sagitta enflata*）、瘦尾胸刺水蚤（*Centropages tenuiremis*）、短尾类幼体（Brachyura larva）、针刺拟哲水蚤（*Paracalanus aculeatus*）、锥形宽水蚤（*Temora turbinata*）、鸟喙尖头溞（*Penilia avirostris*）、异体住囊虫（*Oikopleura dioica*）、四叶小舌水母（*Liriope tetraphylla*）及针刺真浮萤（*Euconchoecia aculeata*）。

临高附近海域调查到33～47种海底大型底栖动物，共5～6个类别。其中，软体类动物出现的种数最多。优势种有变肋角贝（*Dentalium octangulatum*）、布氏蚶（*Arca boucardi*）、多纹板刺蛇尾（*Placophiothrix striolata*）、裂纹格特蛤（*Katelysia hiantina*）、欧文虫（*Owenia fusiformis*）、秀丽织纹螺（*Nassarius dealbatus*）、岩虫（*Marphysa sanguinea*）、棕板蛇尾（*Ophiomaza cacaotica*）、波纹巴非蛤（*Paphia undulata*）、蝐螺（*Umbonium vestiarium*）、大缝角贝（*Dentalium vernedei*）、红明樱蛤（*Moerella rutila*）、突畸心蛤（*Anomalocardia producta*）。区域内分布有临高白蝶贝省级自然保护区。

临高附近海域潮间带大型底栖动物有40～43种。其中，软体类动物出现的种数最多，为绝对优势类群。优势种为短指和尚蟹（*Mictyris brevidactylus*）、斧文蛤（*Meretrix lamarckii*）、长竹蛏（*Solen gouldi*）、丽文蛤（*Meretrix Cusoria*）、沟纹笋光螺（*Terebralia sulcata*）、珠带拟蟹守螺（*Cerithidea cingulata*）、宽额大额蟹（*Metopograpsus frontalis*）、楔形斧蛤（*Donax Cumcatus*）、粒花冠小月螺（*Lunella coronata granulata*）、小翼拟蟹守螺（*Cerithidea microptera*）、塔结节滨螺（*Nodilittorina pyramidalis*）、珠母爱尔螺（*Ergalatax margariticola*）、光滑花瓣蟹（*Liomera laevis*）、平轴螺（*Planaxis sulcaturs*）和单齿螺（*Monodonta labio*）。

临高附近海域游泳动物有83～85种，各站位的渔获量差异较大，变化范围为0.39～137.09 kg，优势种有白鲳（*Ephippus orbis*）、白姑鱼（*Argyrosomus argentatus*）、凡滨纳对虾（*Litopenaeus Vannamei*）、龙头鱼（*Harpadon nehereus*）、须赤虾（*Metapenaeopsis barbata*）、带鱼（*Trichiurus lepturus*）、海鳗（*Muraenesox cinereus*）、二长棘鲷（*Parargyrops edita*）、鹿斑鲾（*Secutor ruconius*）、矛形梭子蟹（*Portunus hastatoides*）、日本关公蟹（*Dorippe japonica*）、四线天竺鲷（*Apogon quadrifasciatus*）、东方鲀（*Tetraodon fluviatilis*）、口虾蛄（*Oratosquilla oratoria*）、蓝圆鲹（*Decapterus maruadsi*）、丽叶鲹（*Caranx kalla*）、中国枪乌贼（*Loligo chinensis*）和鲻鱼（*Mugil cephalus*）。

临高红树林调查区域有红树植物20种，主要群落类型为白骨壤+红海榄群落、白骨壤+红海榄+桐花树群落以及红海榄群落。红海榄（*Rhizophora stylosa*）常出现在滩涂前沿及出海河滩，土壤深厚，有细沙淤泥，盐度9.50～24 .00，群落多致密而统一，是红树林演替系列中期最发达的类群，一般它的前缘有白骨壤（*Avicennia marina*）或桐花树（*Aegiceras corniculatum*）分布，后缘有角果木（*Ceriops tagal*）成片生长，常分布于中滩或较狭海岸带的中内滩。位于临高黄龙港、新盈港附近滩涂的红海榄群落，外貌为深绿色，结构简单，郁闭度在75.00 %以上，纯林，偶有白骨壤混生。树高0.60～2.20 m，平均树高1.06 m，平均基径4.34 cm，密度为25.00丛/100 m^2，支柱根明显。在红树林分布区域共有鸟类10科18属23～25种，浮游植物4门42属78种（包括变种和变型），浮游动物12类30属43种，大型底栖动物26种。

临高附近海域造礁石珊瑚有8科13属20～32种，主要优势种为交替扁脑珊瑚（*Platygyra crosslandi*）、二异角孔珊瑚（*Goniopora duofasciata*）、澄黄滨珊瑚（*Porites lutea*）、秘密角蜂巢珊瑚（*Favites abdita*），常见珊瑚种类有精巧扁脑珊瑚（*Platygyra daedalea*）、标准蜂巢珊瑚（*Favia speciosa*）、网状菊花珊瑚（*Goniastrea retiformis*）等；软珊瑚种类较少，主要为短指软珊瑚（*Sinularis* sp.）和肉芝软珊瑚（*Saycophyton* sp.）。

1.2 儋州海域

1.2.1 地理位置

儋州市位于海南省西北部，地处19°19′—19°52′N，108°56′—109°46′E。濒临北部湾，西北与临高县、澄迈县接壤，南至白沙县，东南交琼中县，西南与昌江县接壤。海域北起后水湾邻昌礁，南至珠碧江出海口。海岸线全长230.55 km，其中自然、人工和河口岸线长度分别为148.64 km、81.37 km和0.54 km，滩涂149.3 km^2。

1.2.2 自然条件

儋州市海域受季风影响，冬半年多ENE向和NE向风，夏半年多SW向及SSW向风，常风向为ENE向，次常风向为NE向，频率分别为22.3%、18.1%。强风向为SW向，实测最大风速达32.3 m/s。

儋州市年平均气温为23.4℃，7月平均气温28.1℃，最高气温38℃，1月平均气温17℃，最低气温3℃。

儋州市受季风影响，雨季、旱季分明，5—10月为雨季，11月至翌年4月为旱季。降水量以7月最多，8月次之，12月最少，年平均降水量1 257.4 mm。

儋州湾向西南敞开，优势浪向为SW向，湾口潮汐通道浅滩附近波浪较弱，各月最大波高平均值0.775 m，平均波高约0.4 m，最大波高小于1.0 m。

儋州市海域潮汐属正规日潮，最高高潮位4.38 m，平均高潮位3.18 m，最低低潮位-0.09 m，平均低潮位0.83 m，最大潮差4. 44 m，平均潮差2.35 m。

儋州海域潮流表现为不正规半日潮流特征，潮流具有往复性流质，基本上涨潮流为NE向，落潮流为SW向或W向，大潮流速大于中、小潮流速，一般表层流速大于底层流速，深水区流速大于浅水区流速。

儋州市受台风影响较大，据相关统计，平均每年3.20次，最多为6次（1978年）；每年6—10月为台风影响盛期，尤以7—9月最多，占总次数的87.50%。

1.2.3 地质地貌

儋州为第四系地层覆盖，上部为第四系全新统海相沉积（Q4）地层，岩性为淤泥混砂，含贝壳，厚约6.00 m，以下为更新统（Q1）的黏土和上第三系的粉质黏土夹钙质胶结的粗砂透镜体组成。在地质构造上，本区位于雷琼坳陷区的西南部，受南北大断裂的控制，南侧距王五—文教大断裂6.00 km，北侧距干冲—木棠断裂5.00 km，处在临高凸起与长坡凹陷交替处，由于断裂活动，导致区内新构造活动颇为活跃，以断块差异运动为特征，主要表现为南岸港湾淤塞，海水变浅，发育宽海滩。

1.2.4 生物资源

根据“海南省西部渔港建设项目”2014—2015年的调查成果，儋州附近海域共鉴定到浮游植物3门46属102种（包括变种及变型），主要为细弱海链藻、菱形海线藻原变种、钟状中鼓藻、中肋骨条藻、长菱形藻弯端变种（*Nitzschia longissima* var. *reversa*）、琼氏圆筛藻（*Coscinodiscus jonesianus*）、螺端根管藻、劳氏角毛藻、扁平原多甲藻（*Protoperidinium depressum*）等。

儋州附近海域有浮游动物15类39属54种，不包括浮游幼体及鱼卵与仔鱼。其中，桡足类最多。优势种类有中型莹虾、中华哲水蚤、双生水母、肥胖箭虫（*Sagitta enflata*）、鸟喙尖头溞、短尾类幼体、瘦尾胸刺水蚤、微刺哲水蚤、细长腹剑水蚤（*Oithona attenuata*）、针刺真浮萤、针刺拟哲水蚤、异尾宽水蚤（*Temora discaudata*）、锥形宽水蚤、双生水母。

儋州附近海域调查到海底大型底栖动物23 ~ 25种，其中软体类动物出现的种数最多。优势种为波纹巴非蛤（*Paphia undulata*）、彩虹明樱蛤（*Moerella iridescens*）、欧文虫、纹藤壶（*Balanus amphitrite*）、岩虫、周氏突齿沙蚕（*Leonnates jousseaumei*）、娼螺、大缝角贝、鸽螺（*Peristernia nassatula*）、红明樱蛤（*Moerella rutila*）、鳞杓拿蛤（*Anomalocardia squamosa*）、中国毛虾（*Acetes chinensis*）和棕板蛇尾。

儋州附近海域潮间带大型底栖动物有12 ~ 17种，其中软体类动物出现的种数最多。优势种为长竹蛏、斧文蛤、楔形斧蛤、沙蚕（*Leonnates* sp.）、短指和尚蟹、宽额大额蟹、光滑花瓣蟹、奥莱彩螺（*Clithon oualaniensis*）、加夫蛤（*Gafrarium tumidum*）。

儋州附近海域有游泳动物54 ~ 74种，优势种为短棘鲾（*Leiognathus equulus*）、凡滨纳对虾、黄斑鲾（*Leiognathus bindus*）、鹿斑鲾、须赤虾、中国枪乌贼、竹荚鱼（*Trachurus japonicus*）、带鱼、海鳗、二长棘鲷、鳓（*Ilisha elongata*）、日本关公蟹、四线天竺鲷、鲻鱼、口虾蛄、蓝圆鲹。

儋州红树林调查区域有红树植物有5 ~ 13种，主要为白骨壤群落和红海榄群落。红海榄群落位于滩涂靠海缘一侧，外貌为深绿色，结构简单，郁闭度在85.00 %以上，纯林，偶有白骨壤混生。树高2.00 ~ 7.00 m，平均树高3.33 m，平均基径6.85 cm，密度为

29.00丛/100 m^2，支柱根明显，且多分枝。位于白马井福村附近的白骨壤群落，外貌灰绿色，结构简单，郁闭度在83.00%以上，纯林，林下幼苗较多（约300.00棵/100 m^2）。树高0.60～1.50 m，平均树高0.88 m，平均基径4.50 cm，密度为22.00株/100 m^2。在红树林分布区域共有鸟类15科22属24种，其中种类较多的科为鸻科、鹬科和鹭科，优势种为白鹭（*Egretta garzetta*）、金斑鸻（*Pluvialis dominica*）、蒙古沙鸻（*Charadrius mongolus*）、绿鹭（*Butorides striatus*）、珠颈斑鸠（*Streptopelia chinensis*）、白头鹎（*Pycnonotus sinensis*）、池鹭（*Ardeola bacchus*）、家燕（*Hirundo rustica*）和暗绿绣眼鸟（*Zosterops japonicus*）。红树林调查区浮游植物4门37属70种（包括变种及变型），优势种类明显，主要为细小平裂藻（*Merismopedia minima*）、宽梯形藻（*Climacodium frauenfeldianum*）、星脐圆筛藻（*Coscinodiscus asteromphalus*）、钟状中鼓藻（*Bellerochea horologicalis*）及蛇目圆筛藻（*Coscinodiscus argus*）。红树林调查区浮游动物10类26属34种，不包括浮游幼体及鱼卵与仔鱼。其中，桡足类最多，其次为十足类，优势种类有微刺哲水蚤（*Canthocalanus pauper*）、中华哲水蚤（*Calanus sinicus*）、中型莹虾（*Lucifer intermedius*）、短尾类幼体（Brachyura larva）、瘦尾胸刺水蚤（*Centropages tenuiremis*）、锥形宽水蚤（*Temora turbinata*）、针刺拟哲水蚤（*Paracalanus aculeatus*）、正型莹虾（*Lucifer typus*）、尖额磷虾（*Euphausia diomedeaea*）及肥胖箭虫（*Sagitta enflata*）。红树林调查区域有大型底栖动物9～27种，其中软体类动物出现的种类最多。优势种有鳞杓拿蛤、纹藤壶、异白樱蛤（*Macoma incongrua*）、珠带拟蟹守螺、纵带滩栖螺（*Batillaris zonalis*）、节蝾螺（*Turbo articulatus*）和明显相手蟹（*Sesarma tangirathbun*）。

儋州附近海域有造礁石珊瑚9科15属26种，主要优势种为二异角孔珊瑚、交替扁脑珊瑚、澄黄滨珊瑚、秘密角蜂巢珊瑚，常见珊瑚种类有精巧扁脑珊瑚、标准蜂巢珊瑚、网状菊花珊瑚等；软珊瑚种类较少，主要为短指软珊瑚和肉芝软珊瑚。

1.3 昌江海域

1.3.1 地理位置

昌江黎族自治县位于海南岛西部，地处18°53′—19°30′N，108°38′—109°17′E。东与白沙黎族自治县毗邻，南与乐东黎族自治县接壤，西南与东方市以昌化江为界对峙相望，西北濒临北部湾，东北部隔珠碧江同儋州市相连。海岸线全长65.97 km，其中自然、人工和河口岸线长度分别为42.66 km、22.61 km和0.70 km。辖区东西最大距离21.5 km，南北最大距离75 km，总面积1 617 km^2。

1.3.2 自然条件

昌江黎族自治县与东方市相邻，因此昌江海域的水文气象条件可参考东方站观测资料。

东方站的风向非常集中，秋冬季盛行东北风，夏季盛行南风，春季两种风向交替出现。全年主导风向为NE向，出现频率23%，次主导风向为S向，出现频率20%。按月份区分，5—8月的主要风向是S向，其余月份出现的最多风向则是NE向。多年资料统计结果表明，各月静风出现频率为4%～10%，全年静风频率为7%。

东方站多年平均气温为24.9℃，最热月6月平均气温为29.3℃，最冷月1月平均气温为18.8℃，气温年变化幅度不是很大，最热月和最冷月的温差（年较差）为10.5℃。东方站气温的年际变化显示，在全球气候变暖的大背景下，年平均气温整体呈现明显上升趋势。

东方站年平均降雨量为970.5 mm，小于海南全省的平均值。月平均降雨量最大出现在8月，为220.0 mm，最小出现在1月，仅有7.5 mm。一年当中降雨主要集中在5—10月，6—10月占全年总降水量的80.4%。

海南昌江海域潮汐属于不正规全日混合潮，大潮和中潮的一个完整潮周内只有一个高潮和一个低潮，而在小潮时，则出现两个高潮和两个低潮，且日潮不等现象明显，即高低潮不等明显。实测涨、落潮平均流速大潮分别为0.36 m/s和0.40 m/s，中潮分别为0.24 m/s和0.29 m/s，小潮为0.09 m/s和0.16 m/s，落潮平均流速大于涨潮流速，其比值约为1.2。

1.3.3 地质地貌

昌江地处五指山余脉的西北侧，地形地貌复杂。地势为东南高、西北低，自西北向东南，呈平原阶地—台地—丘陵—山地逐级上升。自西北海面海拔30 m向东南逐级上升达1 654 m，形成西北平原、中部台地、东南山地的背山面海的地理环境，境内南北分别由昌化江和珠碧江夹持，注入大海。昌江属海南岛地层区西北分区，地层多样，出露地层分下古生界、上古生界、中生界、新生界四大类。

1.3.4 生物资源

根据“海南省西部渔港建设项目”2014—2015年的调查成果，昌江附近海域有浮游植物3门52属111种（包括变种及变型），优势种类主要为细弱海链藻、拟旋链角毛藻（*Chaetoceros pseudocurvisetus*）、佛氏海毛藻、覆瓦根管藻、钟状中鼓藻、翼根管藻纤细变型（*Rhizosolenia alata* f. *gracillima*）等。

昌江附近海域共鉴定到浮游动物15类47属67种（不包括浮游幼体及鱼卵与仔鱼）。其中，桡足类最多。优势种类有中华哲水蚤、肥胖箭虫、短尾类幼体、双生水母、微刺哲水蚤、弱箭虫（*Sagitta delicata*）、瘦尾胸刺水蚤、异体住囊虫、中型莹虾、针刺拟哲水蚤、异尾宽水蚤、锥形宽水蚤、针刺真浮萤、磁蟹溞状幼体（Porcellana zoea larva）等。

昌江附近海域有海底大型底栖生物20~23种，其中软体类动物出现的种数最多。优势种为波纹巴非蛤、帝纹樱蛤（*Tellina timorensis*）、多纹板刺蛇尾（*Placophiothrix striolata*）、大缝角贝、鳞杓拿蛤、突畸心蛤、沟角贝（*Striodentalium rhabdotum*）、口虾蛄、欧文虫、鲜明鼓虾（*Alpheus distinguendus*）、岩虫、中国毛虾和棕板蛇尾。

昌江附近海域潮间带大型底栖动物有10~13种。其中，软体类动物出现的种数最多。优势种为豆斧蛤（*Latona fab*a）、楔形斧蛤、疣吻沙蚕（*Tylorrhynchus heterochaetus*）、平轴螺（*Planaxis sulcaturs*）、波纹蜒螺（*Nerita undata*）、菲律宾蛤仔（*Ruditapes philippinarum*）、宽额大额蟹、短指和尚蟹。

昌江附近海域游泳动物有70种左右，优势种为长肋日月贝（*Amusium pleuronectes*）、带鱼、短棘鲾、黄斑鲾、鳓、鹿斑鲾、须赤虾、中国枪乌贼、白鲳、凡滨纳对虾、海鳗、叫姑鱼（*Johnius grypotus*）、看守长眼蟹（*Podophthalmus vigil*）、蓝圆鲹、鳓、矛形梭子蟹、日本关公蟹（*Dorippe japonica*）、二长棘鲷（*Parargyrops edita*）、丽叶鲹（*Caranx kalla*）、竹荚鱼和鲻鱼。

昌江附近海域有造礁石珊瑚10科26属42种，主要优势种为澄黄滨珊瑚、交替扁脑珊瑚、二异角孔珊瑚、秘密角蜂巢珊瑚，常见珊瑚种类有精巧扁脑珊瑚、标准蜂巢珊瑚、多孔鹿角珊瑚（*Acropora millepora*）等；软珊瑚种类较少，主要为短指软珊瑚和肉芝软珊瑚。

第2章 调查与研究方法

2.1 调查背景

临高县、儋州市和昌江县是海南省西部地区传统渔业大县（市），渔业人口多，渔港基础设施落后，渔民抵御极端气候灾害能力低。为改善渔民生活质量和提高防灾减灾能力，海南省从全省渔业发展的战略全局出发，通过整合临高县和儋州市渔港及配套基础设施和相关渔村基础设施建设工程、灾害预警系统建设、生态整治修复以及渔民安全生产培训等内容，统一归并为“海南省西部渔港建设项目”，目的就是加快海南省渔业基础设施建设进程，提升防灾减灾能力，改善项目区域内渔民生活质量，保护和修复海洋生态环境，促进全省渔业可持续发展。

基于此，为了推进和加快“海南省西部渔港建设项目”建设，保障完成前期工作，本研究组于2014年秋季和2015年春季对海南岛西部渔港附近海域开展了海洋生物生态环境质量调查，主要内容为水质、沉积物、浮游植物、浮游动物、大型底栖动物、渔业资源、红树林资源、白蝶贝资源与珊瑚礁资源等。

2.2 调查站位

调查站位根据《海洋工程环境影响评价技术导则》（GB/T 19485—2004）中海洋生物资源调查站位要求进行布设，对研究区域内白蝶贝自然保护区、红树林保护区、后水湾农渔区、新盈特殊利用区以及邻昌礁海洋保护区进行站点加密，开展白蝶贝、红树林、珊瑚礁以及其他对环境敏感资源的调查。

2.2.1 临高海域调查站位

在临高海域，主要对黄龙、新盈及武林海域按照一级环境影响评价要求布设站位，调查站位、层次等需满足相关技术规范的要求。海水水质、海洋沉积物、海洋生物、渔业资源及白蝶贝资源调查站位详见表2-1，潮间带生物调查站位详见表2-2，红树林资源调查站位详见表2-3，珊瑚礁资源调查站位详见表2-4。

表2-1　临高各渔港水质、沉积物、生物、渔业资源与白蝶贝资源调查站位坐标

站位	东经	北纬	调查项目
LG01	109°42′44.68″	20°01′29.63″	水质、沉积物、生物、渔业资源
LG02	109°42′44.68″	20°05′46.77″	水质、沉积物、生物、渔业资源
LG03	109°40′06.12″	20°00′31.78″	水质、沉积物、生物、渔业资源
LG04	109°40′03.97″	20°02′48.92″	水质、白蝶贝资源
LG05	109°37′25.41″	20°01′33.92″	水质、白蝶贝资源
LG06	109°37′25.41″	20°04′16.77″	水质、沉积物、生物、渔业资源、白蝶贝资源
LG07	109°34′27.56″	19°59′38.21″	水质、沉积物、生物、渔业资源、白蝶贝资源
LG08	109°34′18.99″	20°02′42.49″	水质、白蝶贝资源
LG09	109°31′53.28″	19°56′38.22″	水质、沉积物、生物、渔业资源
LG10	109°31′46.85″	19°58′51.07″	水质、沉积物、生物、渔业资源、白蝶贝资源
LG11	109°31′40.42″	20°01′42.49″	水质、沉积物、生物、渔业资源、白蝶贝资源
LG12	109°31′33.99″	20°05′53.20″	水质、沉积物、生物、渔业资源
LG13	109°31′08.28″	19°51′29.66″	水质、沉积物、生物、渔业资源
LG14	109°30′57.57″	19°53′18.94″	水质、沉积物、生物、渔业资源
LG15	109°31′25.42″	19°55′03.93″	水质、沉积物、生物、渔业资源
LG16	109°28′44.71″	19°54′06.08″	水质、沉积物、生物、渔业资源、白蝶贝资源
LG17	109°28′40.43″	19°57′23.21″	水质、沉积物、生物、渔业资源、白蝶贝资源
LG18	109°28′27.57″	20°02′51.06″	水质、沉积物、生物、渔业资源
LG19	109°25′36.15″	19°53′23.22″	水质、沉积物、生物、渔业资源、白蝶贝资源
LG20	109°25′27.58″	19°59′18.92″	水质、沉积物、生物、渔业资源、白蝶贝资源
LG21	109°22′51.16″	19°55′53.22″	水质、白蝶贝资源
LG22	109°22′49.01″	20°02′14.63″	水质
LG23	109°20′06.16″	19°58′23.21″	水质、沉积物、生物、渔业资源
LG24	109°20′08.30″	20°05′51.05″	水质、沉积物、生物、渔业资源
LG25	109°32′29.71″	19°51′36.08″	水质、沉积物、生物、渔业资源
LG26	109°28′44.56″	19°51′47.94″	水质、沉积物、生物、渔业资源
LG27	109°33′19.15″	19°57′36.08″	水质、沉积物、生物、渔业资源
LG28	109°30′10.37″	19°55′31.05″	水质、沉积物、生物、渔业资源
LG29	109°30′03.01″	19°52′19.81″	水质
LG30	109°37′25.52″	20°00′13.15″	水质、沉积物、生物、渔业资源

表2-2　临高各渔港潮间带生物调查站位坐标

站位	东经	北纬	调查项目
LC1	109°21′14.66″	19°53′24.17″	潮间带生物
LC2	109°24′11.36″	19°52′01.29″	潮间带生物
LC3	109°27′41.47″	19°54′19.46″	潮间带生物
LC4	109°27′50.64″	19°51′59.38″	潮间带生物
LC5	109°31′14.09″	19°50′52.11″	潮间带生物
LC6	109°32′10.49″	19°51′45.13″	潮间带生物
LC7	109°31′10.29″	19°52′36.71″	潮间带生物
LC8	109°31′26.13″	19°53′27.99″	潮间带生物
LC9	109°31′10.55″	19°54′18.96″	潮间带生物
LC10	109°31′38.29″	19°54′52.98″	潮间带生物
LC11	109°32′16.66″	19°54′57.54″	潮间带生物
LC12	109°31′52.86″	19°55′26.62″	潮间带生物
LC13	109°32′06.31″	19°55′46.33″	潮间带生物
LC14	109°32′09.35″	19°56′35.79″	潮间带生物
LC15	109°33′09.44″	19°56′59.50″	潮间带生物
LC16	109°35′42.80″	19°59′10.01″	潮间带生物
LC17	109°39′14.83″	19°59′51.90″	潮间带生物
LC18	109°31′26.13″	19°53′27.99″	潮间带生物

表2-3　临高红树林资源调查站位坐标

渔港	站位	东经	北纬
黄龙渔港	LG31	109°33′38.16″	19°54′27.18″
	LG32	109°33′22.68″	19°54′42.62″
	LG33	109°33′13.32″	19°54′54.94″
	LG34	108°32′51.00″	19°54′58.57″
	LG35	109°32′21.32″	19°54′54.04″
	LG36	109°31′38.64″	19°55′05.66″

续表

渔港	站位	东经	北纬
新盈渔港	LG37	109°32′20.40″	19°51′56.30″
	LG38	109°32′45.96″	19°51′39.71″
	LG39	109°33′09.72″	19°51′39.42″
	LG40	109°33′46.44″	19°51′27.76″
	LG41	109°32′21.48″	19°51′08.53″
	LG42	109°32′30.84″	19°50′47.11″
	LG43	109°32′10.68″	19°50′37.97″

表2-4　临高各渔港珊瑚礁资源调查站位坐标

站位	东经	北纬	调查项目
LS1	109°16′59.71″	19°55′07.62″	珊瑚礁资源
LS2	109°22′15.57″	19°55′29.88″	珊瑚礁资源
LS3	109°25'03.15″	19°52′41.20″	珊瑚礁资源
LS4	109°24′28.31″	19°54′56.58″	珊瑚礁资源
LS5	109°26′40.83″	19°55′39.41″	珊瑚礁资源
LS6	109°26′45.24″	19°54′17.12″	珊瑚礁资源
LS7	109°27′00.29″	19°52′51.83″	珊瑚礁资源
LS8	109°29′04.95″	19°51′37.87″	珊瑚礁资源
LS9	109°28′58.58″	19°54′43.27″	珊瑚礁资源
LS10	109°30′38.25″	19°51′35.24″	珊瑚礁资源
LS11	109°30′10.12″	19°52′30.16″	珊瑚礁资源
LS12	109°30′11.67″	19°53′17.49″	珊瑚礁资源
LS13	109°30′03.68″	19°54′16.27″	珊瑚礁资源
LS14	109°30′13.73″	19°55′01.07″	珊瑚礁资源
LS15	109°30′40.07″	19°55′25.31″	珊瑚礁资源
LS16	109°30′54.03″	19°56′02.68″	珊瑚礁资源
LS17	109°31′12.40″	19°56′41.81″	珊瑚礁资源
LS18	109°31′53.86″	19°57′27.69″	珊瑚礁资源
LS19	109°33′16.57″	19°58′33.20″	珊瑚礁资源
LS20	109°35′17.25″	20°00′02.00″	珊瑚礁资源
LS21	109°38′10.95″	20°00′46.37″	珊瑚礁资源
LS22	109°41′30.78″	20°01′16.36″	珊瑚礁资源

2.2.2 儋州海域调查站位

儋州主要在白马井附近海域进行调查，按照一级环境影响评价要求布设站位，调查站位、层次等需满足相关技术规范的要求。海洋水质、海洋沉积物、海洋生物、渔业资源及白蝶贝资源调查站位详见表2-5，潮间带生物调查站位详见表2-6，红树林资源调查站位详见表2-7，珊瑚礁资源调查站位详见表2-8。

表2-5 儋州白马井渔港水质、沉积物、生物、渔业资源与白蝶贝资源调查站位坐标

站位	东经	北纬	调查项目
MJ01	109°17′03.60″	19°45′55.71″	水质
MJ02	109°15′02.67″	19°44′35.95″	水质、沉积物、生物、渔业资源
MJ03	109°13′14.61″	19°43′36.77″	水质、沉积物、生物、渔业资源
MJ04	109°12′20.58″	19°43′13.61″	水质、沉积物、生物、渔业资源
MJ05	109°04′27.16″	19°37′36.56″	水质、沉积物、生物、渔业资源、白蝶贝资源
MJ06	109°01′42.50″	19°41′12.69″	水质、白蝶贝资源
MJ07	108°58′34.67″	19°45′27.41″	水质、沉积物、生物、渔业资源、白蝶贝资源
MJ08	109°08′34.16″	19°39′32.34″	水质、沉积物、生物、渔业资源
MJ09	109°06′46.10″	19°41′35.84″	水质、白蝶贝资源
MJ10	109°04′24.59″	19°44′35.95″	水质、沉积物、生物、渔业资源、白蝶贝资源
MJ11	109°11′39.41″	19°41′30.70″	水质
MJ12	109°10′27.37″	19°42′53.03″	水质、沉积物、生物、渔业资源
MJ13	109°08′47.03″	19°44′35.95″	水质、白蝶贝资源
MJ14	109°06′15.23″	19°47′43.77″	水质
MJ15	109°09′56.50″	19°48′48.09″	水质、沉积物、生物、渔业资源
MJ16	109°07′47.85″	19°51′27.62″	水质、沉积物、生物、渔业资源、白蝶贝资源
MJ17	109°12′48.88″	19°51′48.20″	水质、沉积物、生物、渔业资源
MJ18	109°11′29.12″	19°53′59.42″	水质、白蝶贝资源
MJ19	109°15′36.12″	19°54′04.56″	水质、沉积物、生物、渔业资源
MJ20	109°14′29.23″	19°55′55.20″	水质、沉积物、生物、渔业资源

表2-6　儋州白马井渔港潮间带生物调查站位坐标

站位	东经	北纬	调查项目
BC1	109°06′04.54″	19°40′58.18″	潮间带生物
BC2	109°12′17.70″	19°40′37.49″	潮间带生物
BC3	109°14′35.53″	19°43′26.22″	潮间带生物
BC4	109°12′55.76″	19°44′27.22″	潮间带生物
BC5	109°10′10.33″	19°45′08.39″	潮间带生物
BC6	109°13′40.82″	19°51′37.42″	潮间带生物

表2-7　儋州红树林资源调查站位坐标

渔港	站位	东经	北纬
白马井渔港	MJ21	109°13′18.12″	19°44′23.46″
	MJ22	109°14′19.68″	19°44′26.56″
	MJ23	109°15′24.48″	19°45′29.81″
	MJ24	109°15′56.88″	19°44′21.52″
	MJ25	109°16′56.68″	19°43′47.86″
	MJ26	109°13′40.44″	19°43′07.32″

表2-8　儋州白马井渔港珊瑚礁资源调查站位坐标

站位	东经	北纬	调查项目
BS1	109°04′43.96″	19°39′48.15″	珊瑚礁资源
BS2	109°05′33.34″	19°40′58.37″	珊瑚礁资源
BS3	109°06′11.98″	19°40′18.59″	珊瑚礁资源
BS4	109°07′33.19″	19°38′48.62″	珊瑚礁资源
BS5	109°06′58.39″	19°41′31.03″	珊瑚礁资源
BS6	109°10′52.10″	19°41′09.62″	珊瑚礁资源
BS7	109°11′05.45″	19°42′30.16″	珊瑚礁资源
BS8	109°09′55.64″	19°44′13.78″	珊瑚礁资源
BS9	109°09′21.17″	19°48′00.00″	珊瑚礁资源
BS10	109°12′50.00″	19°51′44.98″	珊瑚礁资源

2.2.3 昌江海域调查站位

昌江主要在海头附近海域进行调查，按照一级环境影响评价要求布设站位，调查站位、层次等需满足相关技术规范的要求。海水水质环境、海洋沉积物、海洋生物、渔业资源及白蝶贝资源调查站位详见表2-9，潮间带生物调查站位详见表2-10，红树林资源调查站位详见表2-11，珊瑚礁资源调查站位详见表2-12。

表2-9 昌江海头渔港水质、沉积物、生物、渔业资源与白蝶贝资源调查站位坐标

站位	东经	北纬	调查项目
HT01	109°04′36.60″	19°37′39.50″	水质、沉积物、生物、渔业资源
HT02	109°02′00.36″	19°41′15.82″	水质、白蝶贝资源
HT03	108°58′54.08″	19°45′29.04″	水质、沉积物、生物、渔业资源
HT04	108°58′54.08″	19°37′56.58″	水质、沉积物、生物、渔业资源、白蝶贝资源
HT05	108°56′20.85″	19°41′04.44″	水质
HT06	108°58′15.02″	19°33′00.44″	水质、沉积物、生物、渔业资源
HT07	108°56′44.89″	19°34′51.51″	水质
HT08	108°54′14.66″	19°38′07.97″	水质、沉积物、生物、渔业资源、白蝶贝资源
HT09	108°56′14.84″	19°30′38.01″	水质、沉积物、生物、渔业资源
HT10	108°54′53.72″	19°32′03.47″	水质、沉积物、生物、渔业资源、白蝶贝资源
HT11	108°52′47.53″	19°34′48.66″	水质、沉积物、生物、渔业资源、白蝶贝资源
HT12	108°49′26.23″	19°39′10.59″	水质、沉积物、生物、渔业资源、白蝶贝资源
HT13	108°52′56.54″	19°29′15.38″	水质
HT14	108°51′08.38″	19°31′23.59″	水质、沉积物、生物、渔业资源
HT15	108°48′38.15″	19°34′34.42″	水质、沉积物、生物、渔业资源
HT16	108°47′56.09″	19°29′55.27″	水质、沉积物、生物、渔业资源、白蝶贝资源
HT17	108°44′55.82″	19°33′46.01″	水质、白蝶贝资源
HT18	108°46′22.95″	19°25′10.29″	水质、沉积物、生物、渔业资源
HT19	108°43′16.67″	19°29′06.84″	水质、白蝶贝资源
HT20	108°40′16.40″	19°32′49.05″	水质、沉积物、生物、渔业资源

表2-10 昌江海头渔港潮间带生物调查站位坐标

站位	东经	北纬	调查项目
HC1	108°49′05.21″	19°26′17.89″	潮间带生物
HC2	108°53′06.33″	19°28′05.92″	潮间带生物
HC3	108°55′41.94″	19°30′18.65″	潮间带生物
HC4	108°56′15.20″	19°30′20.89″	潮间带生物
HC5	108°58′48.77″	19°32′53.60″	潮间带生物
HC6	109°02′06.71″	19°35′38.51″	潮间带生物

表2-11 昌江红树林资源调查站位坐标

渔港	站位	东经	北纬
海头渔港	HT21	108°56′17.88″	19°30′34.24″
	HT22	108°55′54.84″	19°30′10.73″
	HT23	108°56′12.48″	19°29′55.32″
	HT24	108°56′39.84″	19°29′33.43″
	HT25	108°56′42.00″	19°29′49.42″
	HT26	108°56′05.04″	19°29′46.21″

表2-12 昌江海头渔港珊瑚礁资源调查站位坐标

站位	东经	北纬	调查项目
HS1	108°48′27.83″	19°27′04.98″	珊瑚礁资源
HS2	108°50′59.52″	19°28′17.66″	珊瑚礁资源
HS3	108°52′29.95″	19°29′02.80″	珊瑚礁资源
HS4	108°53′39.35″	19°29′51.52″	珊瑚礁资源
HS5	108°54′43.50″	19°30′37.98″	珊瑚礁资源
HS6	108°55′31.99″	19°31′23.84″	珊瑚礁资源
HS7	108°56′46.54″	19°32′13.69″	珊瑚礁资源
HS8	108°58′05.83″	19°33′30.08″	珊瑚礁资源
HS9	108°59′22.85″	19°35′31.86″	珊瑚礁资源
HS10	109°01′55.33″	19°37′09.07″	珊瑚礁资源

2.3 研究方法

2.3.1 海水水质

海水水质调查参数为水温、透明度、盐度、pH值、溶解氧（DO）、化学需氧量（COD）、活性磷酸盐（PO_4-P）、无机氮［硝酸盐氮（NO_3-N）、亚硝酸盐氮（NO_2-N）、氨氮（NH_4-N）］、重金属（铅、汞等）、石油类、悬浮物和叶绿素a。根据《海洋监测规范》（GB 17378.4—2007）规定，水深H< 10 m，采集表层水样；10 m≤H< 25 m，采集表、底层水样；25 m≤H< 50 m，采集表、中、底层水样。结合项目所在海域的水深情况，水深均在50 m深以浅。分析方法见表2-13。

表2-13　海水水质分析方法

序号	监测项目	分析方法	分析仪器
1	水温	表层水温计法	表层水温计
2	透明度	透明度盘法	透明度盘
3	盐度	盐度计法	实验室桌面盐度计
4	pH值	pH计法	pH计
5	溶解氧	碘量法	滴定管
6	化学需氧量	碱性高锰酸钾法	
7	磷酸盐	紫外分光光度法	TU-1900紫外可见分光光度计
8	硝酸盐		
9	亚硝酸盐		
10	氨氮		
11	铜	极谱法	HY-1G型多功能极谱仪
12	铅		
13	锌		
14	镉		
15	总汞	原子荧光法	BF-6原子荧光仪

续表

序号	监测项目	分析方法	分析仪器
16	砷	原子荧光法	BF-6原子荧光仪
17	石油类	紫外分光光度法	TU-1900紫外可见分光光度计
18	悬浮物	重量法	ML-104电子天平
19	叶绿素a	分光光度法	TU-1900紫外可见分光光度计

2.3.2 海洋沉积物质量

海洋沉积物与海洋水质调查同步，调查参数为铜、铅、锌、镉、铬、汞、砷、石油类、有机碳、硫化物和粒度（沉积物类型），分析方法见表2-14。

表2-14 海洋沉积物分析方法

序号	项目	分析方法	分析仪器
1	汞	原子荧光法	BF-6原子荧光仪
2	砷	原子荧光法	BF-6原子荧光仪
3	铜	无火焰原子吸收分光光度法	日立Z-2000原子吸收分光光度计
4	铅		
5	镉		
6	锌	火焰原子吸收分光光度法	
7	石油类	紫外分光光度法	TU-1900紫外可见分光光度计
8	有机碳	重铬酸钾氧化-还原容量法	滴定管
9	硫化物	碘量法	滴定管

2.3.3 海洋生物生态

海洋生物生态调查参数为包括叶绿素a与初级生产力、浮游植物、浮游动物、底栖动物、渔业资源、红树林资源、珊瑚礁资源等。其中，叶绿素a按照水深10 m以浅，只采表层；水深10 ~ 25 m，采集表层及底层；水深25 ~ 50 m，采集表层、中层及底层。初级生产力水平由表层叶绿素a浓度计算得到。浮游植物调查采用浅水Ⅲ型浮游生物网，从海洋底层到表层进行拖网取样，分析其种类组成、细胞丰度、群落多样性指数及均匀度指数等；浮游动物调查采用浅水Ⅰ型浮游生物网，从海洋底层到表层进行拖网取样，分析其种类组成、个体生物量、主要类群数量分布特征、群落多样性指数及均匀度指数等；底栖动物调查根据不同的底质类型，采用25 cm × 25 cm样框定量取样，分析样框内底栖动物种类、栖息密度、生物量、多样性指数及均匀度等；渔业资源调查利用底拖网在选定站点进行拖网作业，记录站点坐标、作业时间、全部渔获物生物量，对渔获物样品进行种类鉴定和定量分析，记录各种类的名称、生物量、尾数及样品最小、最大体长（mm）和最小、最大体重（g），根据网口宽度（作业时）、拖时和拖速等参数计算扫海面积，以各站次、各种类的渔获数据为基础，计算各站次、各种类的渔获组成、渔获率或渔业资源密度等相关参数；红树林资源调查采取断面调查法，在红树林分布较为典型区域布设断面，每个断面内，低、中、高区各布设1个相同大小的样地，样地大小不能小于10 m × 10 m，调查参数主要包括红树植物种类、树高、覆盖率、群落结构特征及其多样性；珊瑚礁资源调查本着不破坏珊瑚的原则，按照《珊瑚礁生态监测技术规程》（HY/T 082—2005），采用截线样条法调查，每一站位布置50 m × 1 m的条形带状断面3条，断面分别在3 m、6 m、9 m水深地段，室内判读和分析珊瑚覆盖率及幼体补充量等。海洋生物资源调查与海洋环境监测同步进行，采样及分析方法按照《海洋调查规范》（GB/T 12763.6—2007），调查航次为春、秋两季。

第3章
临高海域生态环境与生物资源

3.1 海洋环境

3.1.1 水体环境

（1）水温

2014年秋季，临高调查海域水温变化范围为25.9～27.2℃，平均值为26.7℃。表层水温平均为26.7℃，中层水温平均为27.0℃，底层水温平均为26.8℃，中层水温略高于底层水温和表层水温。

2015年春季，临高调查海域水温变化范围为24.7～27.9℃，平均值为26.5℃。表层水温平均为26.67℃，中层平均为26.87℃，底层平均为26.06℃，中层水温略高于表层水温和底层水温。春季和秋季水温均为中层大于表、底层，可见该海域可能存在较活跃的表、底层水体交换运动。

（2）盐度

2014年秋季，临高调查海域的盐度变化范围为31.30～32.76，平均值为32.15。表层海水盐度变化范围为31.30～32.76，平均值为32.15；中层海水盐度变化范围为31.41～31.99，平均值为31.69；底层海水盐度变化范围为31.42～32.64，平均值为31.92。表层盐度略大于中层和底层盐度。

2015年春季，临高调查海域的盐度变化范围为29.80～34.50，平均值为32.70。表层海水盐度变化范围为29.80～34.20，平均值为32.20；中层海水盐度变化范围为33.20～34.50，平均值为33.90；底层海水盐度变化范围为31.10～34.30，平均值为33.00。中层盐度略大于底层和表层盐度。

（3）pH值

2014年秋季，临高调查海域海水pH值变化范围为8.07～8.20，平均值为8.16。表层海水pH值变化范围为8.07～8.19，平均值为8.15；中层海水pH值变化范围为8.11～8.20，平均值为8.17；底层海水pH值变化范围为8.14～8.19，平均值为8.17。表、中、底三层之间相差不大。

2015年春季，临高调查海域海水pH值变化范围为8.11～8.25，平均值为8.18。表层海水pH值变化范围为8.11～8.23，平均值为8.18；中层海水pH值变化范围为

8.13 ~ 8.20，平均值为8.17；底层海水pH值变化范围为8.12 ~ 8.25，平均值为8.17。表、中、底三层之间相差不大。

（4）溶解氧（DO）

2014年秋季，临高调查海域的溶解氧含量变化范围为5.88 ~ 6.60 mg/L，平均值为6.24 mg/L。表层溶解氧含量变化范围为6.02 ~ 6.45 mg/L，平均值为6.18 mg/L；中层溶解氧含量变化范围为5.93 ~ 6.29 mg/L，平均值为6.08 mg/L；底层溶解氧含量变化范围为5.88 ~ 6.60 mg/L，平均值为6.10 mg/L。表层溶解氧含量稍高于中层和底层。

2015年春季，临高调查海域的溶解氧含量变化范围为5.2 ~ 7.2 mg/L，平均值为6.30 mg/L。表层溶解氧含量变化范围为5.7 ~ 7.2 mg/L，平均值为6.89 mg/L；中层溶解氧含量变化范围为6.1 ~ 6.5 mg/L，平均值为6.33 mg/L；底层溶解氧含量变化范围为5.2 ~ 6.5 mg/L，平均值为5.82 mg/L。表层溶解氧含量高于中层和底层。

（5）化学需氧量（COD）

2014年秋季，临高调查海域的COD含量变化范围为0.36 ~ 1.08 mg/L，平均值为0.70 mg/L。表层海水COD含量变化范围为0.36 ~ 1.08 mg/L，平均值为0.72 mg/L；中层海水COD含量变化范围为0.52 ~ 0.86 mg/L，平均值为0.68 mg/L；底层海水COD含量变化范围为0.29 ~ 1.07 mg/L，平均值为0.67 mg/L。

2015年春季，临高调查海域的COD测定值较低，含量变化范围为0.1 ~ 1.0 mg/L，平均值为0.38 mg/L。表层海水COD含量变化范围为0.1 ~ 1.0 mg/L，平均值为0.38 mg/L；中层含量变化范围为0.3 ~ 0.4 mg/L，平均值为0.37 mg/L；底层含量变化范围为0.1 ~ 0.7 mg/L，平均值为0.42 mg/L。

秋季COD值明显高于春季，可见该海域受雨季陆源输入的影响较明显。

（6）悬浮物（SS）

2014年秋季，临高调查海域悬浮物含量变化范围为13.4 ~ 32.5 mg/L，平均值为23.0mg/L。表层海水悬浮物含量变化范围为13.4 ~ 29.0 mg/L，平均值为19.6 mg/L；中层海水悬浮物含量变化范围为14.8 ~ 23.1 mg/L，平均值为18.7 mg/L；底层海水悬浮物含量变化范围为14.2 ~ 32.5 mg/L，平均值为20.4 mg/L。

2015年春季，临高调查海域悬浮物含量变化范围为2.1 ~ 13.2 mg/L，平均值为

8.16 mg/L。表层海水悬浮物含量变化范围为2.6 ~ 13.1 mg/L，平均值为7.78 mg/L；中层海水悬浮物含量变化范围为2.1 ~ 12.8 mg/L，平均值为7.67 mg/L；底层海水悬浮物含量变化范围为4.5 ~ 13.2 mg/L，平均值为8.91 mg/L。

春季和秋季悬浮物垂向基本的分布趋势都是底层高于表层和中层，这可能与鱼类等的活动有关，同一层平面上分布则较为均匀。

（7）石油类

2014年秋季，临高调查海域表层海水石油类含量变化范围为0.007 ~ 0.031 mg/L，平均值为0.018 mg/L；2015年春季，临高调查海域表层海水石油类含量变化范围为0.004 ~ 0.014 mg/L，平均值为0.010 mg/L。

（8）无机氮（IN）

2014年秋季，临高调查海域海水无机氮含量变化范围为0.076 ~ 0.122 mg/L，平均值为0.104 mg/L。表层含量变化范围为0.080 ~ 0.130 mg/L，平均值为0.110 mg/L；中层含量变化范围为0.100 ~ 0.125 mg/L，平均值为0.112 mg/L；底层含量变化范围为0.076 ~ 0.123 mg/L，平均值为0.104 mg/L，三层含量差异不大。海水中溶解态无机氮的形态构成主要以NO_3–N为主，其次为NH_4–N和NO_2–N。

2015年春季，临高调查海域海水无机氮含量变化范围为0.031 ~ 0.219 mg/L，平均值为0.070 mg/L。表层含量变化范围为0.031 ~ 0.172 mg/L，平均值为0.064 mg/L；中层含量变化范围为0.038 ~ 0.122 mg/L，平均值为0.078 mg/L；底层含量变化范围为0.040 ~ 0.219 mg/L，平均值为0.070 mg/L。

秋季无机氮含量明显高于春季，可见该海域受雨季陆源输入的影响较明显。

（9）无机磷（IP）

2014年秋季，临高调查海域海水活性磷酸盐含量变化范围为0.002 ~ 0.100 mg/L，平均值为0.005 mg/L。表、中、底三层之间活性磷酸盐含量差异不大，表层海水活性磷酸盐含量变化范围为0.002 ~ 0.011 mg/L，平均值为0.006 mg/L；中层海水活性磷酸盐含量变化范围为0.004 ~ 0.009 mg/L，平均值为0.005 mg/L；底层海水活性磷酸盐含量变化范围为0.002 ~ 0.009 mg/L，平均值为0.005 mg/L。

2015年春季，临高调查海域海水活性磷酸盐含量变化范围为0.002 ~ 0.015 mg/L，平均值为0.007 mg/L。表、中、底三层之间活性磷酸盐含量差异不大，表层海水活性磷酸盐含量变化范围为0.002 ~ 0.015 mg/L，平均值为0.008 mg/L；中层海水活性磷酸盐含量变化范围为0.005 ~ 0.008 mg/L，平均值为0.006 mg/L；底层海水活性磷酸盐含量变化范围为0.004 ~ 0.010 mg/L，平均值为0.007 mg/L。

春季和秋季，临高调查海域无机磷含量差异不大。

（10）汞（Hg）

2014年秋季，临高调查海域海水汞含量变化范围为0.009 ~ 0.032 μg/L，平均值为0.015 μg/L，表层平均值为0.018 μg/L，中层平均值为0.019 μg/L，底层平均值为0.015 μg/L。

2015年春季，临高调查海域海水汞含量变化范围为未检出 ~ 0.095 μg/L，平均值为0.019 μg/L。表层海水汞含量变化范围为未检出 ~ 0.095 μg/L，平均值为0.019 μg/L；中层汞含量变化范围为未检出 ~ 0.089 μg/L，平均值为0.026 μg/L；底层汞含量变化范围为未检出 ~ 0.090 μg/L，平均值为0.016 μg/L。检出率比较低，为46.3%。

调查海域春、秋两季海水中的汞含量变化不大。

（11）铅（Pb）

2014年秋季，临高调查海域海水铅含量变化范围为1.3 ~ 4.9 μg/L，平均值为3.5 μg/L。表层海水铅含量变化范围为1.5 ~ 4.8 μg/L，平均值为3.1 μg/L；中层海水铅含量变化范围为2.7 ~ 4.9 μg/L，平均值为4.0 μg/L；底层海水铅含量变化范围为1.3 ~ 4.8 μg/L，平均值为3.5 μg/L。海水铅的平均含量为中层高于底层高于表层。

2015年春季，临高调查海域海水铅含量变化范围为未检出 ~ 1.20 μg/L，平均值为0.41 μg/L。表层含量变化范围为未检出 ~ 1.20 μg/L，平均值为0.42 μg/L；中层含量变化范围为0.05 ~ 0.73 μg/L，平均值为0.40 μg/L；底层含量变化范围为0.06 ~ 0.84 μg/L，平均值为0.40 μg/L。表、中、底层海水铅含量相差较小。

秋季的铅含量明显高于春季，可见该海域受雨季陆源输入的影响较明显。

3.1.2 沉积物环境

临高调查海域的沉积物外观多为灰色泥沙和灰色淤泥，含少量砾石或生物碎屑，大部分站位轻微或无硫化氢气味，沉积物类型多为粉砂质砂，其次为砂。

临高调查海域表层沉积物中硫化物和总汞含量较低，变化范围小，平面分布较均匀。有机碳、石油类和铅的含量差异较大：有机碳含量分布表现为自西向东降低，在南部偏西出现一高值区；石油类含量分布表现为西南部高，其他区域含量较低且分布均匀；铅含量分布表现为中部高、西部低且分布均匀，中部高值区的铅含量最大值达55.6×10^{-6}。

3.2 浮游生物

3.2.1 浮游植物

（1）种类组成

2014年秋季，临高调查海域共鉴定到浮游植物5门54属108种（包括变种及变型）。其中，硅藻34属77种，占种类数的71.29%；甲藻15属26种，占种类数的24.07%；绿藻3属3种，占2.78%；蓝藻和金藻各1种，各占0.93%。

2015年春季，临高调查海域共鉴定到浮游植物3门36属81种（包括变种及变型）。其中，硅藻27属64种，占种类数的79.01%；甲藻8属16种，占19.75%；蓝藻1属1种，占1.23%。

根据浮游植物的种类组成，临高海域浮游植物生态类群以广温广布性和热带暖水性类群为主。广温广布性种类主要有劳氏角毛藻（*Chaetoceros lorenzianus*）、菱形海线藻原变种（*Thalassionema nitzschioides* var. *nitzschioides*）、佛氏海毛藻（*Thalassiothrix frauenfeldii*）、细弱海链藻（*Thalassiosira subtilis*）、中肋骨条藻（*Skeletonema costatum*）、奇异棍形藻（*Bacillaria paradoxa*）等，该类群种类多，密度大，构成了该海域的重要生态类群。热带暖水性种类主要有薄壁几内亚藻（*Guinardia flaccida*）、宽梯形藻（*Climacodium frauenfeldianum*）及螺端根管藻（*Rhizosolenia cochlea*）等。

（2）细胞丰度

2014年秋季，临高调查海域各站位浮游植物细胞丰度介于2.49×10^{4}～182.61×10^{4} cells/m^{3}，平均细胞丰度为25.23×10^{4} cells/m^{3}。

2015年春季，临高调查海域各站位浮游植物细胞丰度介于1.39×10^{4}～$4\,546.00\times10^{4}$ cells/m^{3}，平均细胞丰度为344.98×10^{4} cells/m^{3}。

春、秋两季各站位细胞丰度差异较大，大致呈现由近岸向外逐渐减小的趋势，临高调查海域西南部站位的细胞丰度整体较东北部站位高（图3-1）。

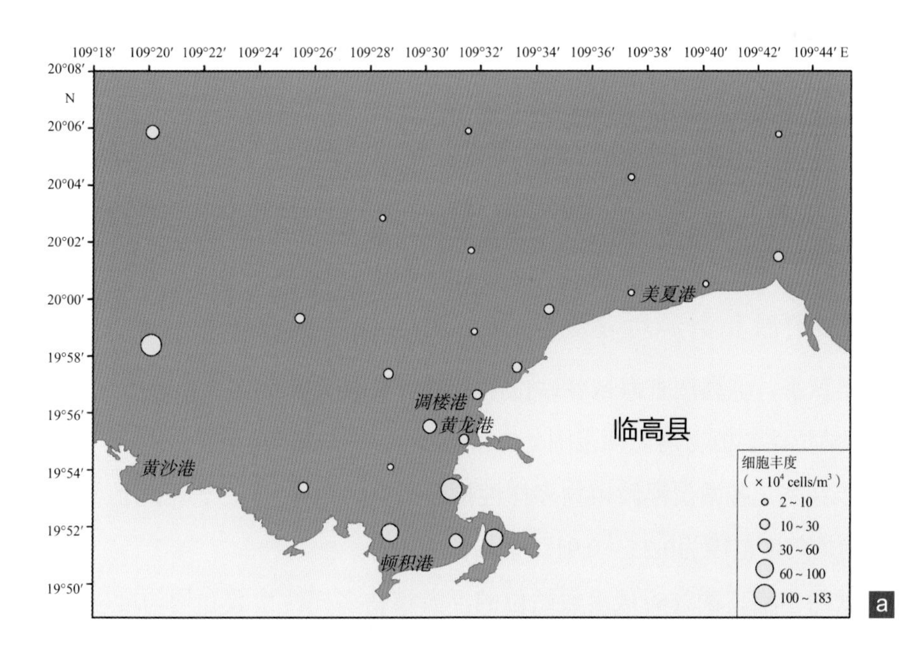

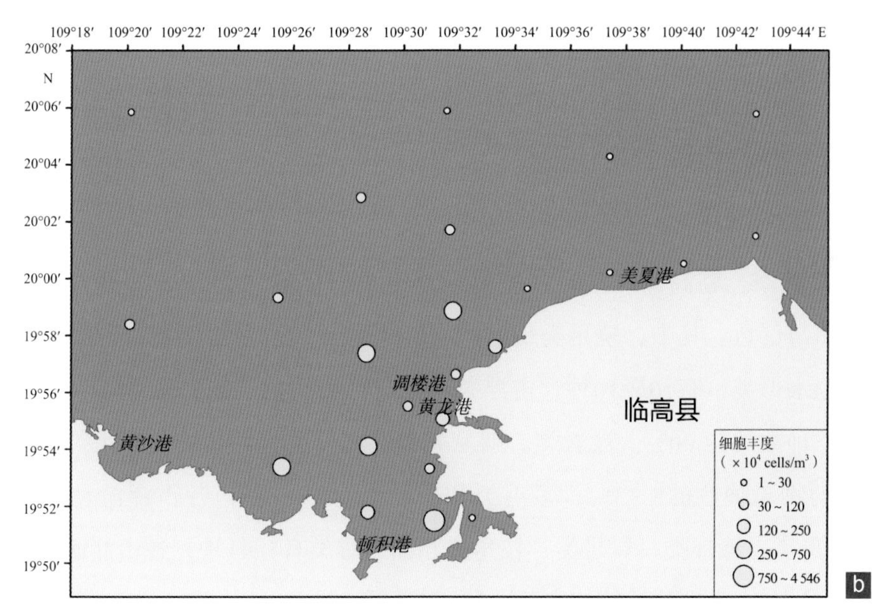

图3-1　浮游植物细胞丰度

a.秋季；b.春季

（3）优势种

2014年秋季，临高调查海域的浮游植物优势种类主要为细弱海链藻、佛氏海毛藻、钟状中鼓藻（*Bellerochea horologicalis*）、中肋骨条藻、菱形海线藻原变种、宽梯形藻、奇异棍形藻等。

2015年春季，优势种类与秋季有明显差异，主要为优美辐杆藻（*Bacteriastrum delicatulum*）、覆瓦根管藻（*Rhizosolenia imbricata*）、劳氏角毛藻、薄壁几内亚藻及螺端根管藻等。

（4）多样性指数和均匀度

2014年秋季，临高调查海域各站位浮游植物多样性指数范围为1.15～3.98，平均值为3.15；各站位浮游植物均匀度范围为0.29～0.89，平均值为0.70。

2015年春季，各站位浮游植物多样性指数范围为1.04～4.17，平均值为2.78；各站位浮游植物均匀度范围为0.25～0.91，平均值为0.64。

春、秋两季临高调查海域多数站位的浮游植物多样性指数和均匀度较高，但少数站位由于个别种类细胞数量过多，优势种趋向单一化，浮游植物种间比例分布不均，致使多样性指数和均匀度偏低。

3.2.2 浮游动物

（1）种类组成

2014年秋季，临高调查海域共鉴定到浮游动物标本13类55属75种，不包括浮游幼体及鱼卵与仔鱼。其中，桡足类最多，有20属29种，占浮游动物总种数的38.67%；其次为水螅水母类，有10属10种，占浮游动物总种数的13.33%；毛颚类有1属9种，占浮游动物总种数的12.00%；被囊类、端足类和管水母类有4属4种，十足类有3属4种，各占浮游动物总种数的5.33%；多毛类和磷虾类有2属3种，各占浮游动物总种数的4.00%；介形类、糠虾类、翼足类、枝角类和栉水母类有1属1种，各占浮游动物总种数的1.33%。另有8个类别浮游幼体和若干鱼卵与仔鱼。

2015年春季，临高调查海域共鉴定到浮游动物标本12类41属64种，不包括浮游幼体及鱼卵与仔鱼。其中，桡足类最多，有18属33种，占浮游动物总种数的51.56%；其次为被囊类，有3属6种，占浮游动物总种数的9.38%；水螅水母类有5属5种，占浮游动物总种数的7.81%；十足类有2属4种，占浮游动物总种数的6.25%；多毛类和枝角类有3属3种，磷虾类有2属3种，毛颚类有1属3种，各占浮游动物总种数的4.69%；端足类、管水母类、介形类和翼足类有1属1种，各占浮游动物总种数的1.56%。另有6个类别浮游幼体和若干鱼卵与仔鱼。

（2）生物量和丰度

2014年秋季，临高调查海域各站位浮游动物丰度介于50.71 ~ 7 642.86 ind/m^3，平均丰度为969.40 ind/m^3；各站位浮游动物生物量介于20.50 ~ 1 847.43 mg /m^3，平均生物量为356.12 mg /m^3。2015年春季，临高调查海域各站位浮游动物丰度介于14.29 ~ 4 095.00 ind/m^3，平均丰度为686.80 ind/m^3；各站位浮游动物生物量介于14.35 ~ 110.07 mg /m^3，平均生物量为59.47 mg /m^3。

由浮游动物站位平均丰度散点分布图（图3–2）可见，临高调查海域浮游动物秋季平均丰度分布较高的区域主要在近岸，春季平均丰度较高区域逐渐向外海延伸。浮游动物平均生物量与平均丰度分布大体一致（图3–3）。

（3）优势种

2014年秋季，临高调查海域浮游动物优势种类有长腕类幼体（Ophiopluteus larva）、中华哲水蚤（*Calanus sinicus*）、中型莹虾（*Lucifer intermedius*）、双生水母（*Diphyes chamissonis*）、微刺哲水蚤（*Canthocalanus pauper*）、肥胖箭虫（*Sagitta enflata*）、瘦尾胸刺水蚤（*Centropages tenuiremis*）、短尾类幼体（Brachyura larva）。以长腕类幼体为主，优势度为0.15，平均丰度为292.09 ind/m^3。

2015年春季，临高调查海域浮游动物优势种类有微刺哲水蚤、短尾类幼体、针刺拟哲水蚤（*Paracalanus aculeatus*）、肥胖箭虫、双生水母、锥形宽水蚤（*Temora turbinata*）、中华哲水蚤、鸟喙尖头溞（*Penilia avirostris*）、异体住囊虫（*Oikopleura dioica*）、四叶小舌水母（*Liriope tetraphylla*）、针刺真浮萤（*Euconchoecia aculeata*）。以微刺哲水蚤为主，优势度为0.204，平均丰度为146.10 ind/m^3。

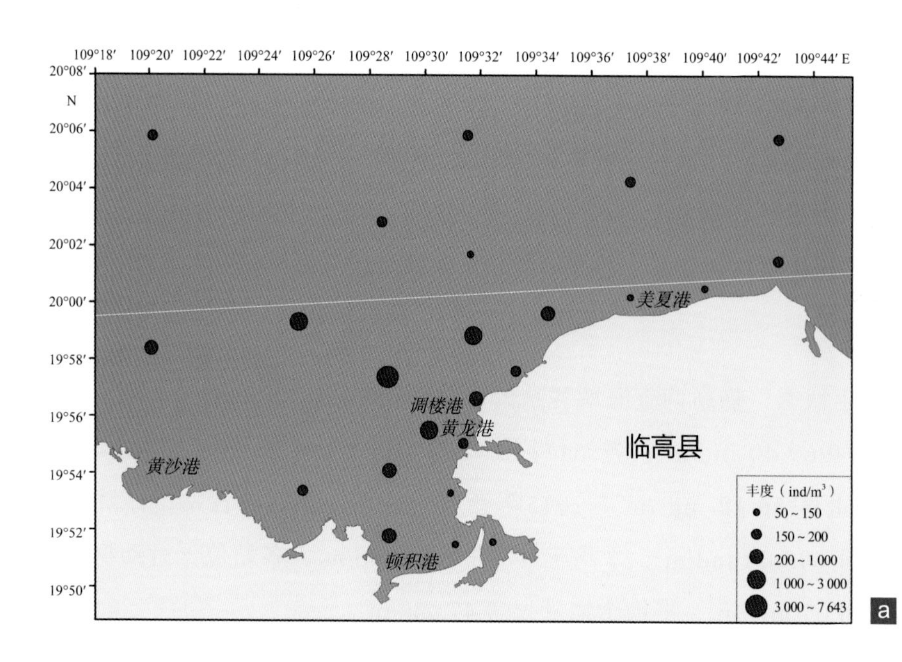

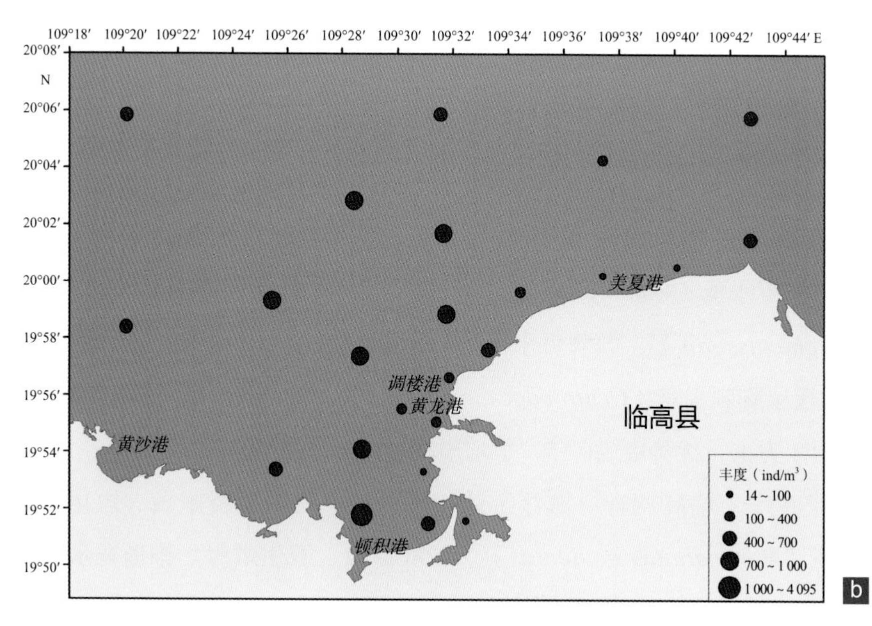

图3-2　浮游动物丰度

a.秋季；b.春季

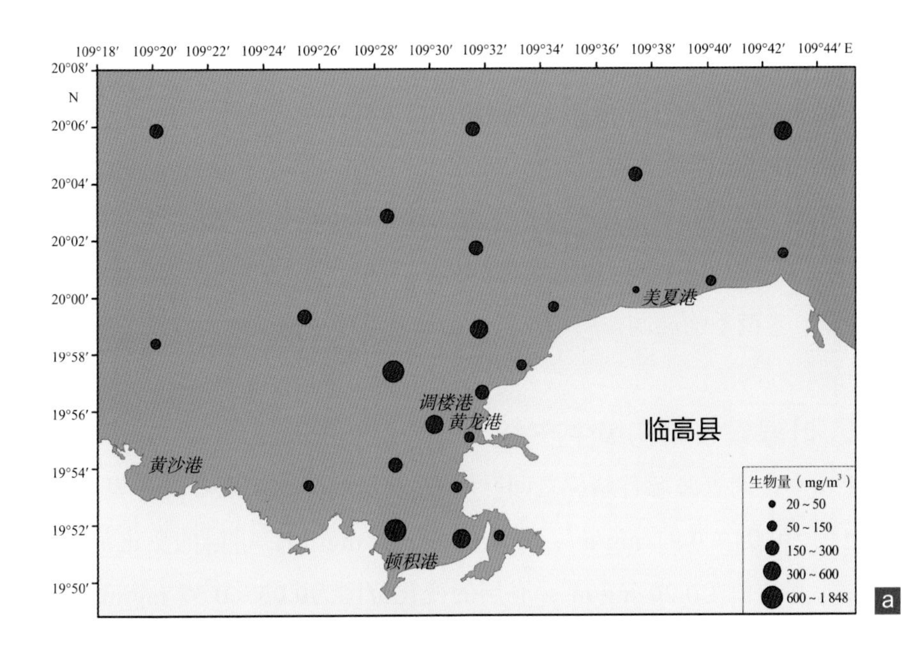

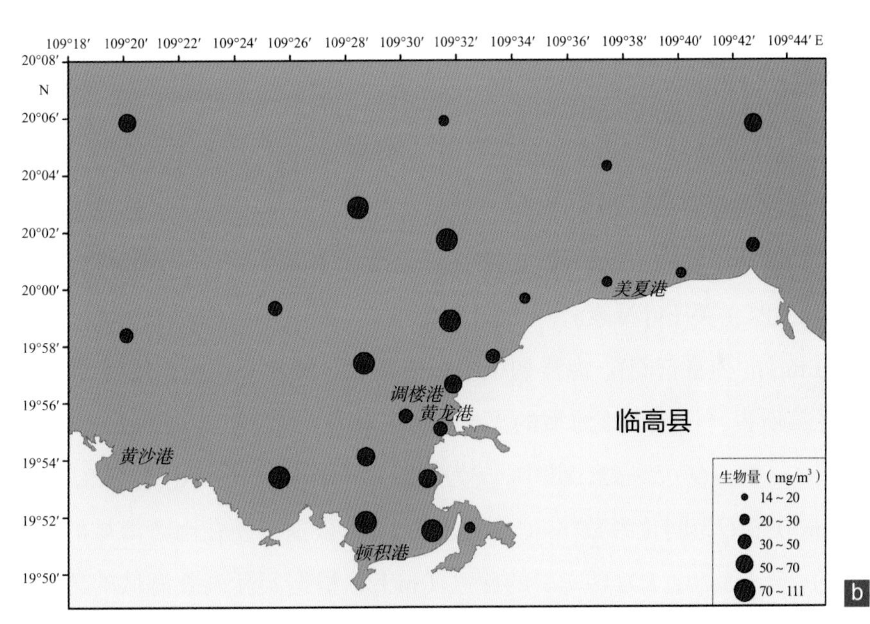

图3-3 浮游动物生物量

a.秋季；b.春季

（4）多样性指数和均匀度

2014年秋季，临高调查海域各站位浮游动物多样性指数介于2.36～4.05，平均多样性指数为3.36；各站位浮游动物均匀度介于0.58～0.91，平均均匀度为0.79。

2015年春季，临高调查海域各站位浮游动物多样性指数介于2.58～4.44，平均多样性指数为3.73；各站位浮游动物均匀度介于0.61～0.98，平均均匀度为0.85。

可见，秋、春两季临高调查海域浮游动物调查站位生物多样性及均匀度差异不大。

3.2.3 叶绿素 a 与初级生产力

2014年秋季，调查海域各站位之间叶绿素a含量的变化幅度不大。表层叶绿素a含量的变化范围为0.04～0.91 mg/m^3，平均值为0.26 mg/m^3；中层的变化范围为0.07～0.61 mg/m^3，平均值为0.20 mg/m^3；底层的变化范围为0.03～0.57 mg/m^3，平均值为0.18 mg/m^3。表、中、底三层之间叶绿素a含量差异不大。表层叶绿素a含量在调查海域的东南部靠近各渔港附近海域为高值区，其中在调楼渔港附近的9号站达到最高，为0.91 mg/m^3；其他区域叶绿素a含量较低。中层叶绿素a含量与表层相似，最高在调楼渔港附近的9号站达到最高，为0.61 mg/m^3。底层叶绿素a含量高值区主要分布在调查海域的南部12号站和东北部5号站附近区域，呈带状分布；其他区域叶绿素a含量较低，且变化梯度较小。就叶绿素a的含量来讲，调查海域属于贫营养，不存在富营养化现象[参考美国环保局（EPA）关于叶绿素a含量的评价标准：< 4 mg/m^{3}为贫营养，4～10mg/m^{3}为中营养，> 10 mg/m^{3}为富营养]。海洋初级生产力是通过经验公式由表层叶绿素a含量代入经验公式计算所得，仅代表该海域的大概水平。根据Cadee和Hegeman（1974）提出的简化公式：$P = Ca \cdot Q \cdot L \cdot t/2$，其中，$P$为初级生产力[mgC/(m^2·d)]；$Ca$为表层叶绿素a含量（mg/m^3）；$Q$为同化系数[mgC/(mgChla·h)]，根据以往在南海海域的调查结果，调查海域的Q值取3.70；L为真光层的深度（m），根据实际调查海域的透明度估算；t为白昼时间（h），本海区取12 h。调查海域各站位平均透明度为4.10 m，表层叶绿素a的平均含量为0.26 mg/m^3，初级生产力平均为23.67 mgC/(m^2·d)。

2015年春季，调查海域叶绿素a含量较低，各站位之间叶绿素a含量略有差异，站位间表、底层含量变化趋势不同，调查海域东侧的叶绿素a含量较其他海域高，

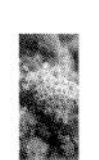

海域中部呈现出叶绿素a含量随水深增加而上升的趋势。调查海域叶绿素a含量范围为0.10 ~ 6.80 mg/m^3，平均值为0.92 mg/m^3。表层叶绿素a含量的变化范围为0.10 ~ 3.20 mg/m^3，平均值为0.63 mg/m^3；中层叶绿素a含量的变化范围为0.12 ~ 2.90 mg/m^3，平均值为0.79 mg/m^3；底层叶绿素a含量的变化范围为0.10 ~ 6.80 mg/m^3，平均值为1.44 mg/m^3。整个调查海域基本属于贫营养状态，但底层存在富营养化的趋势［参考美国环保局（EPA）关于叶绿素a含量的评价标准：< 4 mg/m^{3}为贫营养，4 ~ 10 mg/m^{3}为中营养，> 10 mg/m^{3}为富营养］。本项目的海洋初级生产力是通过经验公式由表层叶绿素a含量代入经验公式计算所得，仅代表该海域的大概水平。调查海域各站位的平均透明度为3.39 m，表层叶绿素a的平均含量为0.63 mg/m^3，初级生产力平均为47.41 mgC/(m^2 · d)。

3.3 大型底栖动物

3.3.1 海底大型底栖动物

（1）种类组成

2014年秋季，临高调查海域调查到47种大型底栖动物，其中软体类动物出现的种类最多，达29种，甲壳类动物9种，多毛类动物4种，棘皮类动物3种，鱼类与头索类各有1种。

2015年春季，临高调查海域调查到33种大型底栖动物，其中软体类动物出现的种类最多，有16种，甲壳类动物6种，棘皮类与多毛类各有5种，头索类有1种。

2014年秋季及2015年春季海洋大型底栖动物调查数据显示，临高附近海域大型底栖动物有5 ~ 6个类别，且以软体类动物与甲壳类动物为绝对优势类群，其余生物种类相对较少，这可能与调查采样方式、采样面积等有关系，但总体上能反映区域种类分布情况。

（2）优势种

2014年秋季调查到的大型底栖动物优势种有变肋角贝（*Dentalium octangulatum*）、布氏蚶（*Arca boucardi*）、多纹板刺蛇尾（*Placophiothrix striolata*）、裂纹格特蛤（*Katelysia hiantina*）、欧文虫（*Owenia fusiformis*）、秀丽织纹螺（*Nassarius dealbatus*）、岩虫（*Marphysa sanguinea*）和棕板蛇尾（*Ophiomaza cacaotica*）。

2015年春季调查到的大型底栖动物优势种为变肋角贝、波纹巴非蛤（*Paphia undulata*）、蝐螺（*Umbonium vestiarium*）、大缝角贝（*Dentalium vernedei*）、红明樱蛤（*Moerella rutila*）、突畸心蛤（*Anomalocardia producta*）、岩虫和棕板蛇尾。

春、秋两季中出现的优势种类变化较大，但总体上来说主要以软体类动物为主。

（3）多样性指数和均匀度

2014年秋季，临高调查海域各站大型底栖动物多样性指数的变化范围为0.00 ~ 2.50，平均值为1.28；各站均匀度的变化范围为0.00 ~ 0.53，平均值为0.29。

2015年春季，临高调查海域各站大型底栖动物多样性指数的变化范围为0.59 ~ 2.82，平均值为1.60；各站均匀度的变化范围为0.29 ~ 1.00，平均值为0.80。

通过对2014年及2015年临高调查海域大型底栖动物多样性指数的分析可知，春季大型底栖动物多样性及均匀度均高于秋季。

（4）生物量及栖息密度

2014年秋季，临高调查海域各站位大型底栖动物生物量的变化范围为0.44 ~ 1 824.89 g/m^2，平均生物量为178.92 g/m^2；各站位大型底栖动物栖息密度的变化范围为22.00 ~ 2 911.00 ind/m^2，平均密度为266.00 ind/m^2（图3-4和图3-5）。

2015年春季，临高调查海域各站位大型底栖动物生物量的变化范围为0.13 ~ 304.06 g/m^2，平均生物量为36.27 g/m^2；各站位大型底栖动物栖息密度的变化范围为13.00 ~ 931.00 ind/m^2，平均密度为120.00 ind/m^2（图3-4和图3-5）。

通过临高调查海域春、秋两季大型底栖动物生物量及栖息密度的比较可知，该海域秋季的生物量与密度要高于春季。此外，近岸大型底栖动物栖息密度及生物量明显高于外海，这与附近海域底拖渔业作业方式密切相关，近岸区域底质不够平坦且多礁石，不利于底拖作业，而外海海域多泥地平，适合底拖作业，渔民采用底拖捕鱼的同时对大型底栖动物栖息环境以及生活繁衍场所造成了极大的破坏，导致其分布在外海偏低。

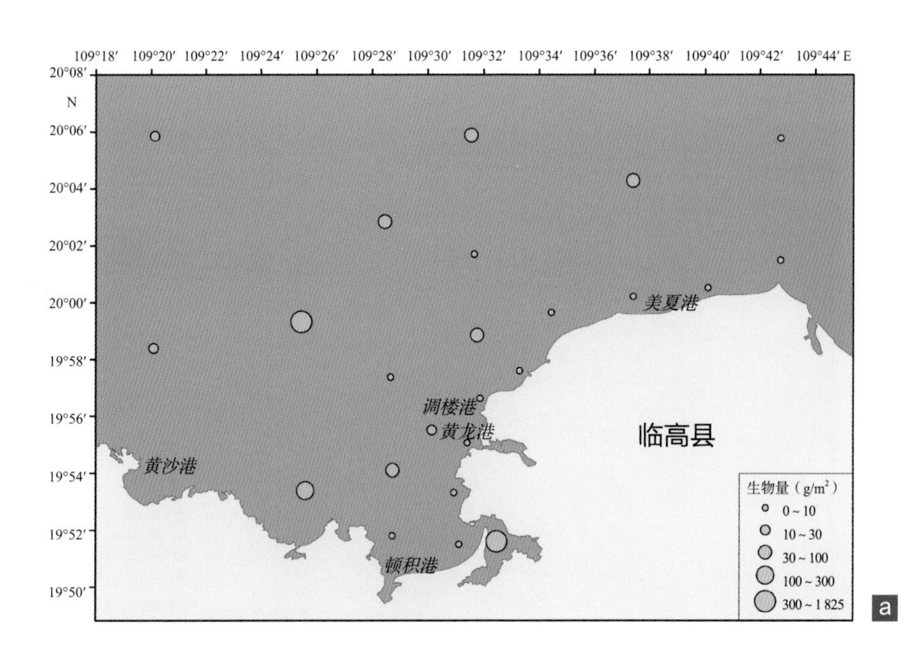

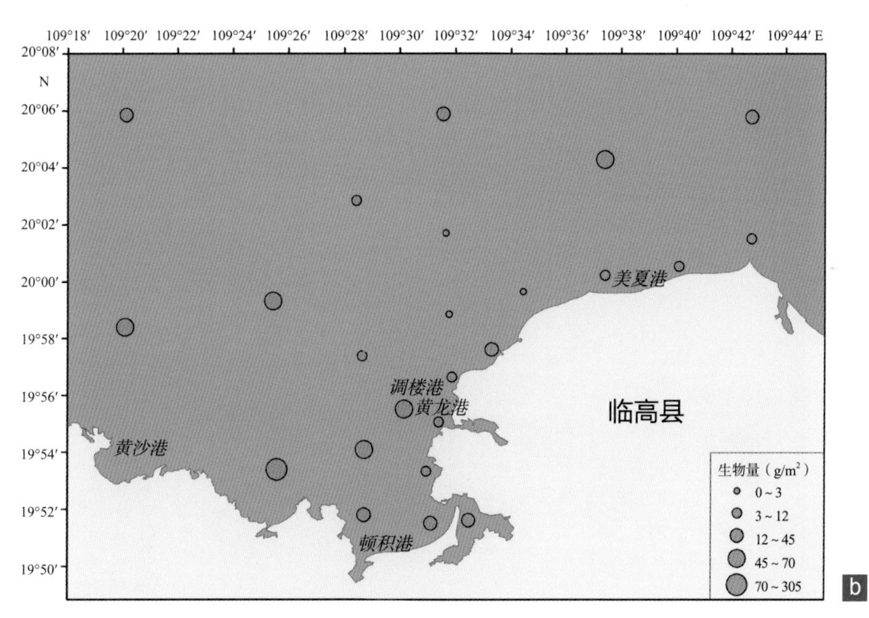

图3-4　底栖动物平均生物量

a.秋季；b.春季

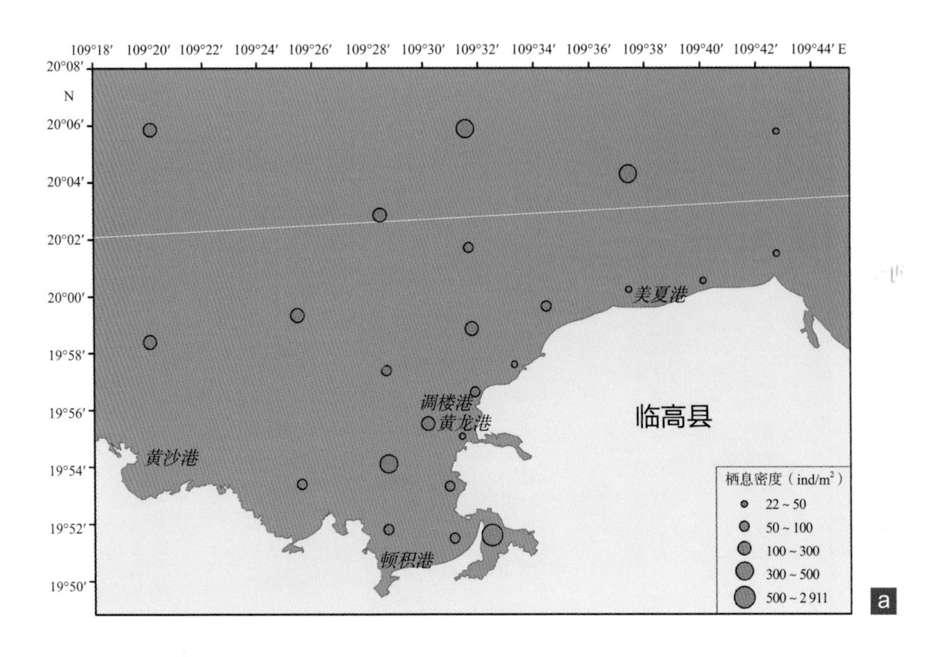

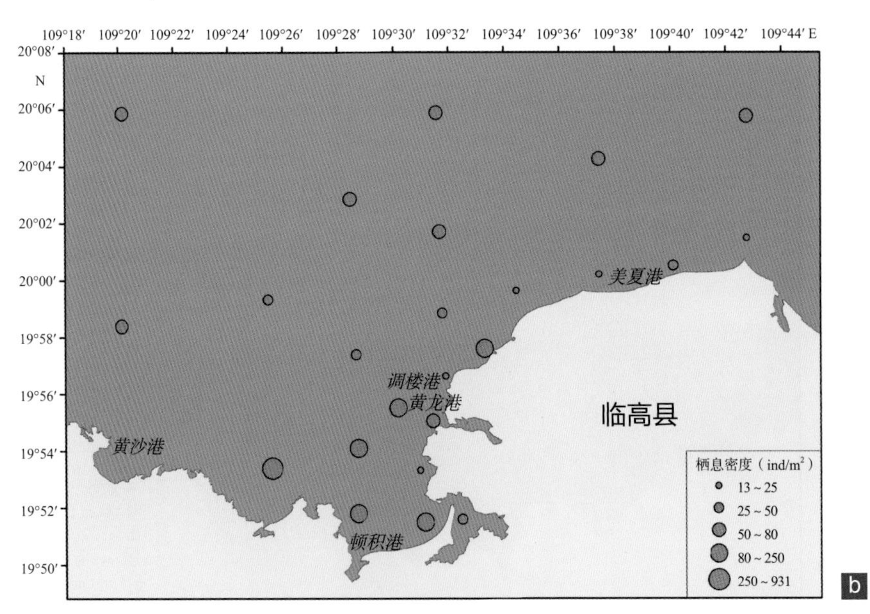

图3-5　底栖动物平均密度

a.秋季；b.春季

(5)各类别生物量及栖息密度

2014年秋季，临高调查海域大型底栖动物主要由6类组成，不同类别在调查站位的出现率，以软体类动物出现率最高，为61.70%；甲壳类出现率为19.15%；多毛类出现率为8.51%；棘皮类出现率为6.38%；鱼类与头索类出现率最低，均为2.13%。不同类别平均生物量的分布状况为：软体类（生物量180.42 g/m^2）> 多毛类（生物量33.38 g/m^2）> 棘皮类（生物量9.41 g/m^2）> 甲壳类（生物量9.18 g/m^2）> 鱼类（生物量9.11 g/m^2）> 头索类（生物量0.44 g/m^2）。不同类别平均栖息密度的分布状况为：软体类（密度226.00 ind/m^2）> 多毛类（密度81.00 ind/m^2）> 棘皮类（密度71.00 ind/m^2）> 甲壳类（密度42.00 ind/m^2）> 鱼类（密度22.00 ind/m^2）=头索类（密度22.00 ind/m^2）。

2015年春季，临高调查海域大型底栖动物主要由5类组成，不同类别在调查站位的出现率，以软体类动物出现率最高，为48.48%；甲壳类出现率为18.18%；棘皮类与多毛类出现率均为15.15%；头索类出现率最低，出现率为3.03%。不同类别平均生物量的分布状况为：软体类（生物量24.21 g/m^2）> 多毛类（生物量10.88 g/m^2）> 棘皮类（生物量8.12 g/m^2）> 甲壳类（生物量5.14 g/m^2）> 头索类（生物量0.81 g/m^2）。不同类别平均栖息密度的分布状况为：软体类（密度 100.00 ind/m^2）> 头索类（密度22.00 ind/m^2）> 棘皮类（密度21.00 ind/m^2）> 多毛类（密度18.00 ind/m^2）> 甲壳类（密度11.00 ind/m^2）。

由此可见，春、秋两季临高调查海域各类别底栖动物的平均生物量大体一致，而栖息密度有所差别。

3.3.2 潮间带大型底栖动物

(1)种类分布与组成

2014年秋季，临高调查海域共采获5个生物类别中的43种潮间带大型底栖动物。其中，软体类动物出现的种类最多，有33种；其次为甲壳类，有8种；多毛类1种；鱼类1种。

2015年春季，临高调查海域共采获4个生物类别中的40种潮间带大型底栖动物。其中，软体类动物出现的种类最多，有33种；其次为甲壳类，有5种；多毛类1种；鱼类1种。

2014年秋季及2015年春季临高调查海域潮间带大型底栖动物调查结果显示，潮间带大型底栖动物有4～5个类别，其中软体类动物为绝对优势类群。

（2）优势种

2014年秋季，临高调查海域潮间带大型底栖动物优势种为短指和尚蟹（*Mictyris brevidactylus*）、斧文蛤（*Meretrix lamarckii*）、长竹蛏（*Solen gouldi*）、丽文蛤（*Meretrix Cusoria*）、沟纹笋光螺（*Terebralia sulcata*）、珠带拟蟹守螺（*Cerithidea cingulata*）、宽额大额蟹（*Metopograpsus frontalis*）、楔形斧蛤（*Donax Cumcatus*）、粒花冠小月螺（*Lunella coronata granulata*）、小翼拟蟹守螺（*Cerithidea microptera*）、塔结节滨螺（*Nodilittorina pyramidalis*）。

2015年春季，临高调查海域潮间带大型底栖动物优势种为珠母爱尔螺（*Ergalatax margariticola*）、光滑花瓣蟹（*Liomera laevis*）、宽额大额蟹、短指和尚蟹、沟纹笋光螺、珠带拟蟹守螺、平轴螺（*Planaxis sulcaturs*）、单齿螺（*Monodonta labio*）。

（3）多样性指数和均匀度

2014年秋季，临高调查海域潮间带大型底栖动物多样性指数的变化范围为0.36～3.14，平均值为1.67；各站潮间带大型底栖动物均匀度的变化范围为0.23～1.05，平均值为0.72。

2015年春季，临高调查海域潮间带大型底栖动物多样性指数的变化范围为0.00～3.11，平均值为1.43；各站潮间带大型底栖动物均匀度的变化范围为0.00～1.00，平均值为0.72。

（4）栖息密度与生物量

2014年秋季，临高调查海域潮间带大型底栖动物栖息密度的变化范围为32～1 104 ind/m^2，平均密度为317.7 ind/m^2（图3–6）；各站位潮间带大型底栖动物生物量的变化范围为1.8～1 456.4 g/m^2，平均生物量为261.59 g/m^2（图3–7）。

2015年春季，临高调查海域潮间带大型底栖动物栖息密度的变化范围为22.3～

928 ind/m^2，平均密度为290.26 ind/m^2（图3-6）；各站位潮间带大型底栖动物生物量的变化范围为1.8～426.9 g/m^2，平均生物量为207.79 g/m^2（图3-7）。

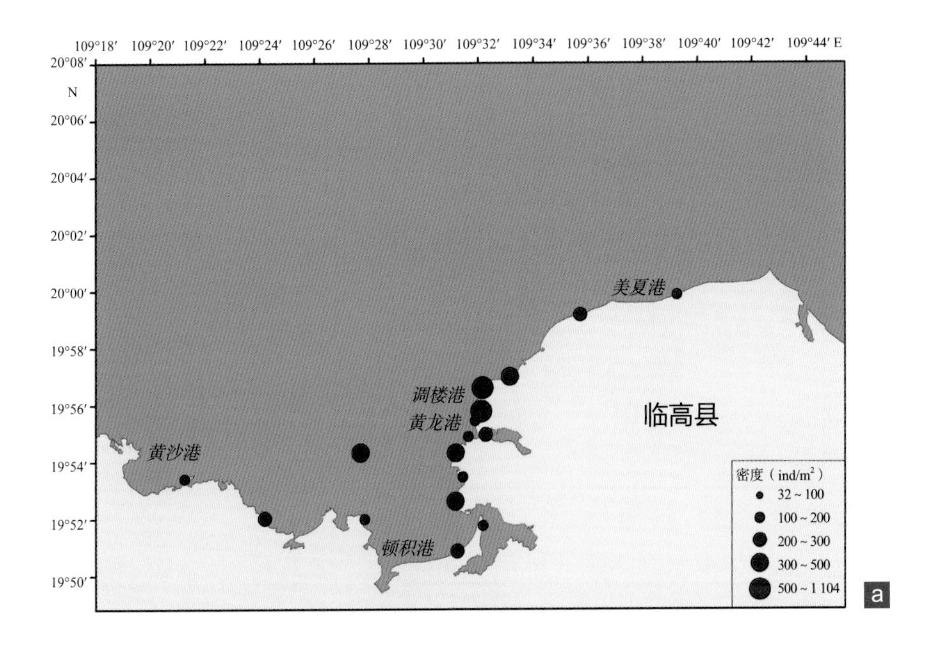

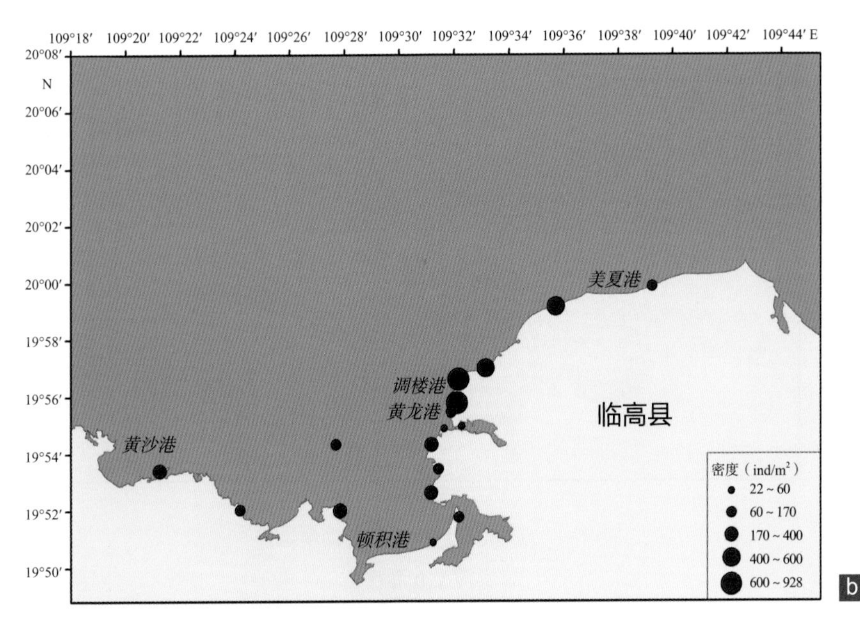

图3-6 潮间带大型底栖动物栖息密度

a.秋季；b.春季

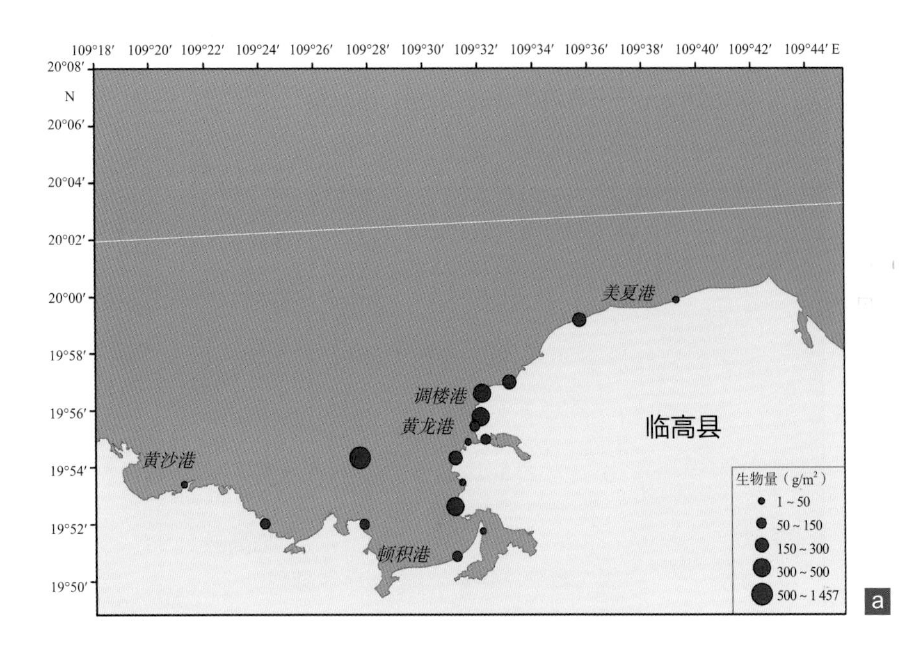

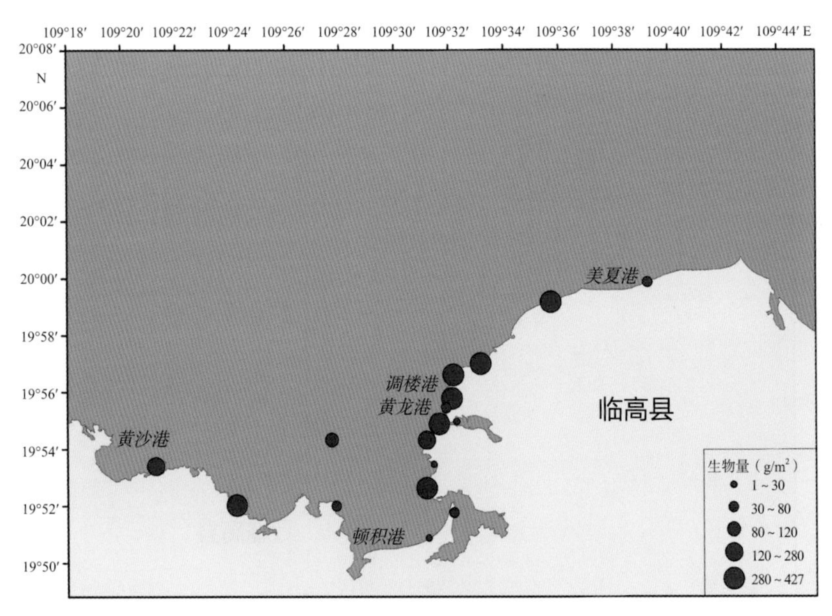

图3-7　潮间带大型底栖动物生物量

a.秋季；b.春季

3.3.3 白蝶贝资源

白蝶贝，亦称大珠母贝（*Pinctada maxima*），属软体动物门，双壳纲，异柱目，珍珠贝科，珠母贝属，是一种生活在热带及亚热带海洋的双壳贝类，是我国南海特有的珍珠贝种，现为国家二级野生保护动物。白蝶贝的贝壳呈蝶状，左壳稍隆起，右壳较扁平，前耳稍突起，壳表面呈棕褐色，壳顶鳞片层紧密，壳后缘鳞片层游离状较明显。贝壳内面珍珠层较厚，呈银白色，边缘稍呈金黄色或黄褐色，铰合部厚，贝壳内面中央稍后处有一明显的闭壳肌痕。白蝶贝的最大壳长可达320.00 mm，体重约4.50 kg。白蝶贝多分布于澳大利亚沿岸，西太平洋沿岸的东南亚国家近岸，中国的海南岛、西沙群岛、雷州半岛沿岸海域。喜栖息在珊瑚礁、贝壳、岩礁砂砾等底质的海区，以足丝营附着生活。栖息水深可达200.00 m，以20.00～50.00 m居多。栖息的适温范围为15.50～30.30℃，水温降至13.00℃时，基本停止活动。

临高白蝶贝自然保护区建于1984年，面积约343.00 $hm^2$①，是我国三大白蝶贝自然保护区之一，地理位置为临高神确村（19°52′N，109°24′E）至红石岛（20°00′N，109°48′E）。由于当地渔民的过度捕捞及环境污染，目前白蝶贝资源剧减，2014年秋季仅临高美夏海域调查到，且数量稀少，仅调查到1枚，壳高200 mm，壳长200 mm。2015年春季未调查到。

3.4 渔业资源

3.4.1 渔业生产

（1）渔业人口、行政分布及船舶拥有量

根据海南省2013年渔业统计年表统计，临高县有海洋渔业乡镇2个，海洋渔业村30个，渔户13 966户，渔业人口65 866人。从事海洋捕捞和海水养殖的专业劳动力分别有19 046人和1 360人，海洋渔业兼业从业人员有5 476人（表3-1）。

根据海南省2014年渔业统计年表统计，临高县有海洋渔业乡镇3个，海洋渔业村18个，渔户15 308户，渔业人口70 231人。从事海洋捕捞和海水养殖的专业劳动力分别有31 754人和1 421人，海洋渔业兼业从业人员有4 745人（表3-1）。

---

① 1 hm^2 = 10 000 m^2。

表3-1 临高县海洋渔业人群分布

年份	海洋渔业乡村（个）		海洋渔业人口		海洋渔业专业从业人员（人）		海洋渔业兼业从业人员（人）
	乡镇	村	户数	人口	海洋捕捞	海水养殖	
2013	2	30	13 966	65 866	19 046	1 360	5 476
2014	3	18	15 308	70 231	31 754	1 421	4 745

根据海南省2013年渔业统计年表统计，临高县拥有海洋捕捞机动渔船4 291艘，总吨位158 329 t，总功率355 220 kW；海水养殖机动渔船80艘，总吨位960 t，总功率2 400 kW（表3-2）。

根据海南省2014年渔业统计年表统计，临高县拥有海洋捕捞机动渔船4 247艘，总吨位200 123 t，总功率463 875 kW；海水养殖机动渔船77艘，总吨位1 328 t，总功率4 891 kW（表3-2）。

表3-2 临高县海洋生产渔船拥有量

年份	机动渔船					
	海洋捕捞			海水养殖		
	数量（艘）	总吨位（t）	总功率（kW）	数量（艘）	总吨位（t）	总功率（kW）
2013	4 291	158 329	355 220	80	960	2 400
2014	4 247	200 123	463 875	77	1 328	4 891

（2）海洋捕捞概况

根据海南省2013年渔业统计年表统计，临高县海洋捕捞品种组成情况见表3-3。统计数据显示，以鱼类比例为最高，其次是头足类、虾类、蟹类，藻类比例最低。捕捞种类主要是石斑鱼（*Epinephelus* sp.）、大黄鱼（*Larimichthys crocea*）、带鱼（*Trichiurus lepturus*）、金线鱼（*Nemipterus virgatus*）、鲳鱼（*Pampus* sp.）和海鳗（*muraenesox cinereus*）等。头足类主要品种有乌贼（*Sepiella* sp.）和鱿鱼（*Loligo chinensis*）。虾蟹类主要有鹰爪虾（*Trachypenaeus curvirostris*）、毛虾（*Acetes* sp.）、

对虾（*Penaeus* sp.）、梭子蟹（*Portunus* sp.）和青蟹（*Scylla* sp.）等。

根据海南省2014年渔业统计年表统计，临高县海洋捕捞品种组成情况见表3-3。统计数据显示，以鱼类比例为最高，其次是头足类、虾类、蟹类，藻类比例最低。捕捞种类主要是石斑鱼、蓝圆鲹（*Decapterus maruadsi*）、带鱼、金线鱼、鲳鱼、海鳗和马面鲀（*Navodon* sp.）等。头足类主要品种有乌贼和鱿鱼。虾蟹类主要有虾蛄（*Oratosquilla* sp.）、毛虾、对虾、梭子蟹和青蟹等。

表3-3　临高县海洋捕捞品种组成　　单位：t

年份	鱼类	虾类	蟹类	贝类	藻类	头足类	其他
2013	422 360	16 941	13 201	4 990	595	32 763	5 092
2014	438 601	18 406	13 836	6 423	266	34 355	5 833

（3）海水养殖业概况

根据海南省2013年渔业统计年表统计，临高县海水养殖面积为1 782 hm^2。其中以鱼类养殖面积最大，其次是虾类，贝类养殖面积最低，无蟹类、藻类和其他养殖（表3-4）。

根据海南省2014年渔业统计年表统计，临高县海水养殖面积为1 813 hm^2。其中以鱼类养殖面积最大，其次是虾类，贝类养殖面积最低，无蟹类、藻类和其他养殖（表3-4）。

表3-4　临高县海水养殖面积　　单位：hm^2

年份	鱼类	虾类	蟹类	贝类	藻类	其他	合计
2013	1 096	413	0	273	0	0	1 782
2014	1 127	413	0	272	0	0	1 813

根据海南省2013年渔业统计年表统计，临高县海水养殖总产量为44 339 t，其中以鱼类养殖产量为最高，其次是虾类，贝类养殖比例最低，无蟹类、藻类和其他类养

殖（表3-5）。海水养殖品种主要有卵形鲳鲹（*Trachinotus ovatus*）、石斑鱼和鲈鱼（*Lateolabrax* sp.）等。

根据海南省2014年渔业统计年表统计，临高县海水养殖总产量为38 452 t，其中以鱼类养殖产量为最高，其次是虾类，贝类养殖比例最低，无蟹类、藻类和其他类养殖（表3-5）。海水养殖品种主要有卵形鲳鲹、石斑鱼和军曹鱼（*Rachycentron canadum*）等。

表3-5　临高县海水养殖产量　　单位：t

年份	鱼类	虾类	蟹类	贝类	藻类	其他	合计
2013	33 330	5 731	0	5 278	0	0	44 339
2014	28 419	7 307	0	3 123	0	0	38 452

3.4.2　游泳动物

（1）种类组成与分布

2014年秋季，在临高近岸海域进行了24个站位的游泳动物调查（图3-8），渔获量为822.97 kg，捕获种类经鉴定共有83种，各站位的渔获量差异较大，变化范围为0.39 ~ 137.09 kg，调查到的种类数差异也大，变化范围为7 ~ 30种。

2015年春季，在临高近岸海域进行了24个站位的游泳动物调查（图3-8），渔获量为314.84 kg，捕获种类经鉴定共有85种，各站位的渔获量差异较大，变化范围为0.76 ~ 43.97 kg，调查到的种类数差异也大，变化范围为10 ~ 49种。

由两季渔获量来看，秋季渔获量明显高于春季，而两季物种数相差不大。

（2）丰度与生物量

2014年秋季，游泳动物平均丰度较高的主要有6种，分别为白鲳（*Ephippus orbis*）、白姑鱼（*Argyrosomus argentatus*）、凡滨纳对虾（*Litopenaeus vannamei*）、龙头鱼（*Harpadon nehereus*）、矛形梭子蟹（*Portunus hastatoides*）和须赤虾（*Metapenaeopsis barbata*）；游泳动物平均生物量较高的主要有7种，分别为白鲳、白

图3-8　底拖作业现场
A.秋季；B.春季

姑鱼、带鱼（*Trichiurus lepturus*）、凡滨纳对虾、海鳗（*Muraenesox cinereus*）、龙头鱼和须赤虾。

2015年春季，游泳动物丰度较高的主要有8种，分别为白姑鱼、二长棘鲷（*Parargyrops edita*）、鹿斑鲾（*Leiognathus bindus*）、矛形梭子蟹、日本关公蟹

(*Dorippe japonica*)、四线天竺鲷(*Apogon quadrifasciatus*)、须赤虾和鲻鱼(*Mugil cephalus*);游泳动物生物量较高的主要有11种,分别为白姑鱼、东方鲀(*Tetraodon fluviatilis*)、二长棘鲷、海鳗、口虾蛄(*Oratosquilla oratoria*)、蓝圆鲹(*Decapterus maruadsi*)、丽叶鲹(*Caranx kalla*)、矛形梭子蟹、须赤虾、中国枪乌贼(*Loligo chinensis*)和鲻鱼。

(3)多样性指数和均匀度

2014年秋季,游泳动物的平均多样性指数为2.43,游泳动物的平均均匀度为0.16。

2015年春季,游泳动物的平均多样性指数为3.08,游泳动物的平均均匀度为0.65。

(4)渔获率与资源密度

2014年秋季调查的各站位捕捞时间为0.62 ~ 1.43 h,捕获游泳动物生物量为0.39 ~ 137.09 kg,捕获游泳动物尾数为12.00 ~ 5 799.00 尾。计算结果表明,各站位游泳动物生物量渔获率为0.42 ~ 113.30 kg/(网·h),平均为33.62 kg/(网·h);各站位尾数渔获率为16.00 ~ 4 951.00 尾/(网·h)(图3-9),平均为1 804.00尾/(网·h)。各站位现存生物量资源密度为4.17 ~ 9.26 kg/km^2,平均为8.68 kg/km^2;各站位现存尾数资源密度为334.00 ~ 38 456.00 尾/km^2,平均为14 008.00 尾/km^2。

2015年春季调查的各站位捕捞时间为0.62 ~ 1.35 h,捕获游泳动物生物量为0.76 ~ 43.97 kg,捕获游泳动物尾数为28.00 ~ 4 250.00尾。计算结果表明,各站位游泳动物生物量渔获率为0.92 ~ 41.09 kg/(网·h),平均为11.87 kg/(网·h);各站位尾数渔获率为21.00 ~ 4 715.00 尾/(网·h)(图3-9),平均为1 515.50尾/(网·h)。各站位现存生物量资源密度为52.88 ~ 275.39 kg/km^2,平均为87.55 kg/km^2;各站位现存尾数资源密度为4 532.00 ~ 28 704.00 尾/km^2,平均为8 168.00 尾/km^2。

由春、秋两季现存资源量来看,春季资源现存量明显高于秋季,这可能与鱼类繁殖、冬春季捕捞作业减少有关。

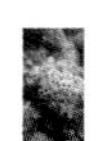

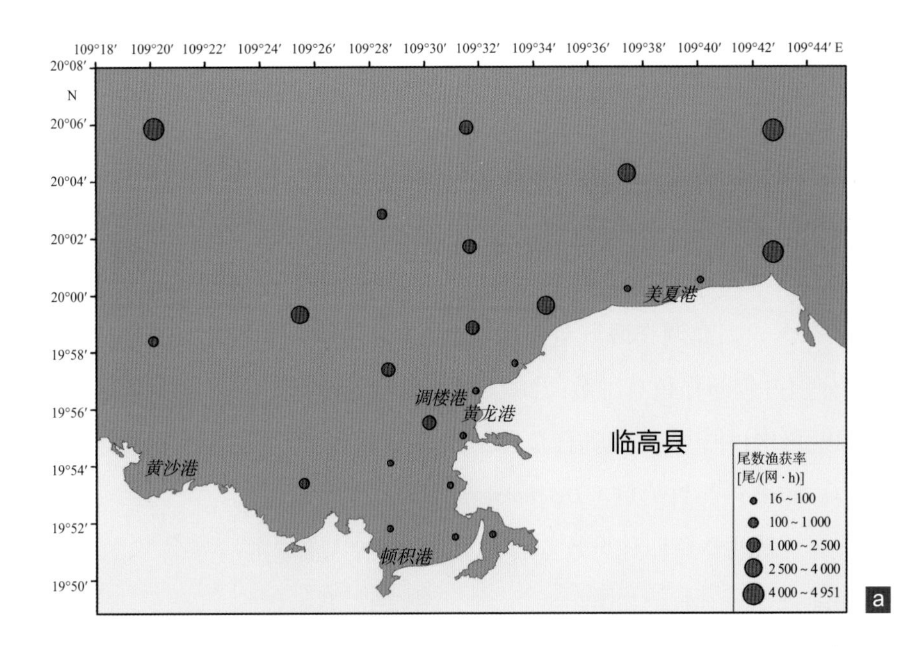

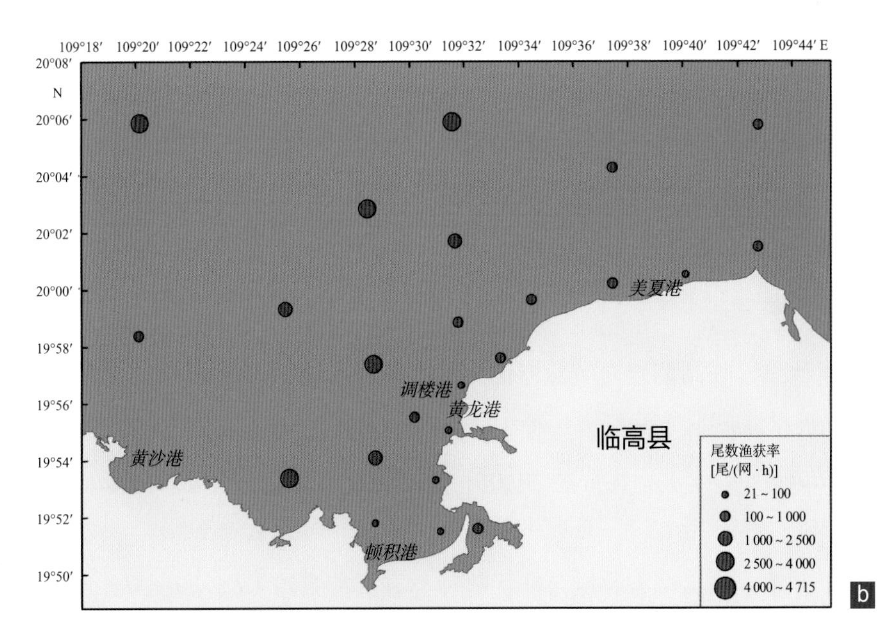

图3-9　临高游泳动物渔获率

a.秋季；b.春季

3.4.3 鱼卵仔鱼

（1）种类组成

2014年秋季，临高调查海域鱼卵有10科10种，另有一种未鉴定出及部分死卵；仔稚鱼有14科20种，其中，鲷科有3种，鳚科、鰕虎鱼科与鲻科各有2种，其余科种类均1种。

2015年春季，临高调查海域鱼卵仔鱼共有8科10种，其中，笛鲷科与鲱科最多，各有2种，分别占鱼卵仔鱼总种数的20.00%；狗母鱼科、鲹科 、鲷科、大眼鲷科、羊鱼科与裸颊鲷科均1种，各占鱼卵仔鱼总种数的10.00%。仔鱼主要有两种，为四线笛鲷（*Lutjanus kasmira*）与竹荚鱼（*Trachurus japonicus*）。

可见，春、秋两季鱼卵种类数差别不大，在10种左右。

（2）丰度

2014年秋季，临高调查海域鱼卵丰度范围为0.00 ~ 250.00 ind/100 m^3，平均丰度为56.39 ind/100 m^3；仔鱼丰度范围为0.00 ~ 116.67 ind/100 m^3，平均丰度为16.39 ind/100 m^3。

2015年春季，临高调查海域鱼卵丰度范围为5.00 ~ 833.00 ind/100 m^3，平均丰度为206.00 ind/100 m^3；仔鱼丰度范围为0.00 ~ 165.00 ind/100 m^3，平均丰度为9.00 ind/100 m^3。

（3）优势种

2014年秋季，临高调查海域鱼卵优势种类有：死卵（Bad egg），优势度为0.19；小公鱼（*Stolephorus* sp.）与鲻科一种（Mugilidae gen. et sp. indet.），优势度均为0.06；多鳞鱚（*Sillago sihama*），优势度为0.06；美肩鳃鳚（*Omobranchus elegans*），优势度为0.05。

2015年春季，临高调查海域鱼卵优势种类有：长鳍鲹（*Carangoides oblongus*），优势度为0.02；大眼鲷（*Priacanthus macracanthus*），优势度为0.10；鲷科一种（Sparidae gen. et sp. indet.），优势度为0.16；四线笛鲷（*Lutjanus kasmira*），优势度为0.03；条尾绯鲤（*Upeneus bensasi*），优势度为0.04。

可见，春、秋两季鱼卵优势种差别很大，这与不同鱼类的繁殖季节不同有关。

（4）多样性指数和均匀度

2014年秋季，调查水域鱼卵多样性指数较低，范围为0.00～2.53，平均为1.52；均匀度指数范围为0.43～0.99，平均为0.89 。调查水域仔鱼多样性指数较低，范围为0.00～2.35，平均为0.74；均匀度指数范围为0.29～1.00，平均为0.80。

2015年春季，调查水域鱼卵多样性指数较低，范围为0.00～2.62，平均为1.52；均匀度指数范围为0.52～0.98，平均为0.89。调查水域仔鱼多样性指数较低，范围为0.00～2.13，平均为0.64；均匀度指数范围为0.24～0.87，平均为0.72。

3.5 红树林资源

3.5.1 红树植物分布

2014年秋季在临高黄龙港、新盈港调查到9种红树植物，其中真红树7种，分别是红海榄（*Rhizophora stylosa*）、白骨壤（*Aricennia marina*）、桐花树（*Aegiceras corniculatum*）、榄李（*Lumnitzera racemosa*）、木榄（*Bruguiera gymnorrhiza*）、角果木（*Ceriops tagal*）及卤蕨（*Acrostichum aureum*）；半红树2种，分别为水黄皮（*Pongamia pinnata*）和黄槿（*Hibiscus tiliaceus*）。两个区域各站位出现的红树植物种类稍有差异，新盈港区调查到的种类有9种，黄龙港区有6种。

2015年春季对临高红树林作进一步调查，调查到红树植物20种，其中真红树10种，分别是桐花树、海漆（*Excoecaria agallocha*）、白骨壤、红海榄、榄李、木榄、角果木、卤蕨、秋茄（*Kandelia candel*）与正红树（*Rhizophora apiculata*）；半红树5种，分别是许树（*Clerodendrum inerme*）、阔苞菊（*Pluchea indice*）、单叶蔓荆（*Vitex trifolia*）、水黄皮及黄槿；红树林伴生种类5种，分别是木麻黄（*Casuarina equisetifolia*）、草海桐（*Scaevola sericea*）、海马齿（*Sesuvium portulacastrum*）、球兰（*Hoya carnosa*）及露兜树（*Pandanus tectorius*）。分布在黄龙港区的红树林及其伴生种类为13种，新盈港区的红树林及其伴生种类为18种。

临高黄龙港和新盈港区红树林主要群落类型为白骨壤+红海榄群落、白骨壤 + 红海榄 + 桐花树群落以及红海榄群落。红海榄常出现在滩涂前沿及出海河滩，土壤深厚，有细沙淤泥，盐度9.50～24.00，群落多致密而统一，是红树林演替系列中期最发达的类群，一般它的分布前缘有白骨壤或桐花树分布，后缘有角果木成片生长，常分布于中滩或较狭海岸带的中内滩。位于临高黄龙港、新盈港附近滩涂的红海榄群落，外貌为深绿色，结构简单，郁闭度在75.00 %以上，纯林，偶有白骨壤混生，树高0.60～2.20 m，平均树高1.06 m，平均基径4.34 cm，密度为25.00丛/100 m^2，支柱根明显。白骨壤是先锋树种，常出现在红树林的前缘和潮沟边，呈带状分布，在低潮滩涂前缘泥中扎根，涨潮时白骨壤树冠受到不同程度的浸滞或全株被海水淹没，形成“海底森林”。白骨壤是一种适应性较广的群落类型，生长于淤泥、半沙泥及河口砂质滩地上，土壤盐度4.60～26.00。位于黄龙港和新盈港附近滩涂的白骨壤群落，外貌银灰绿色，结构简单，郁闭度在60.00%以上，常与红海榄混生，树高1.00～2.00 m，平均树高1.33 m，平均基径5.17 cm，密度为26.00株/100 m^2。新盈港附近滩涂还分布有白骨壤+红海榄+桐花树群落，外貌为深绿色，结构简单，郁闭度在90.00%以上，树高1.00～6.00 m，平均树高4.20 m，平均基径3.90 cm，支柱根明显，且多分枝，属于群落演替的中前期。

3.5.2 红树林鸟类

2014年秋季，通过对海南岛临高黄龙港和新盈港两个区域的鸟类调查，共记录到鸟类10科18属23种，黄龙港和新盈港区均为14种，其中种类较多的科为鹬科，有7种，其次为鹭科，有5种。据生态类群划分，其中涉禽种类最多，为15种；其次为鸣禽类，有3种；另有攀禽2种，游禽、猛禽以及鸠鸽类分别1种。水鸟（包括涉禽和游禽）有16种，占69.56%，主要由鹭科、鹬科和鸻科鸟类组成，分别有4种、7种和3种；非水鸟有7种，占30.43%，包括鹮科、鹰科、鸠鸽科、杜鹃科、鹡鸰科、鸭科以及翠鸟科鸟类。共调查到559只鸟类，其中黄龙港红树林区共调查到170只，新盈港红树林区共调查到389只。数量超过100只的鸟类有白鹭（*Egretta garzetta*）、大白鹭（*Ardea alba*）、泽鹬（*Tringa stagnatilis*），数量介于50～100只的鸟类有栗树鸭（*Dendrocygna javanica*）、中杓鹬（*Numenius phaeopus*），总数量在10～49只的鸟类有金眶鸻

（*Charadrius dubius*）、蒙古沙鸻（*Charadrius mongolus*）、白腰杓鹬（*Numenius arquata*）和青脚鹬（*Tringa nebularia*），总数量在10只以下的有白鹡鸰（*Motacilla alba*）、白头鹎（*Pycnonotus sinensis*）、珠颈斑鸠（*Streptopelia chinensis*）、白胸翡翠（*Halcyon smyrnensis*）、苍鹭（*Ardea cinerea*）、池鹭（*Ardeola bacchus*）、翻石鹬（*Arenaria interpres*）、褐翅鸦鹃（*Centropus sinensis*）、黑耳鸢（*Milvus lineatus*）、黑脸琵鹭（*Platalea minor*）、红脚鹬（*Tringa totanus*）、矶鹬（*Actitis hypoleucos*）、灰鹡鸰（*Motacilla cinerea*）和普通翠鸟（*Alcedo atthis*）。2014年秋季红树林鸟类优势种为白鹭、大白鹭、金眶鸻、泽鹬和中杓鹬。

2015年春季，通过对海南岛临高黄龙港和新盈港两个区域的鸟类调查，共记录到鸟类15科20属25种（黄龙港为18种，新盈港为15种），其中种类较多的科为丘鹬科，有6种，其次为鹭科，有4种。2015年春季通过对海南岛临高黄龙与新盈红树林鸟类的观察（各3个白天，24 h），统计得到红树林鸟类种类栖息密度变化范围为0.04～2.96 只/h，平均为0.51只/h。其中，栖息密度最高的种类为家燕（*Hirundo rustica*），栖息密度为2.96只/h；栖息密度最低的为黑尾塍鹬（*Limosa limosa*）、金眶鸻、白胸苦恶鸟（*Amaurornis phoenicurus*）等，栖息密度为0.04只/h。根据2015年春季红树林鸟类的优势度计算结果，优势种为大白鹭、蒙古沙鸻、中杓鹬、绿鹭（*Butorides striatus*）、珠颈斑鸠、白头鹎、池鹭、小白腰雨燕（*Apus affinis*）、家燕和褐翅鸦鹃。

调查到的鸟类有不少是珍稀濒危种，列入国家Ⅱ级重点保护动物的有3种；列入《国家保护的有益的或者有重要经济、科学研究价值的陆生野生动物名录》（简称“三有名录”）的种类有20种；列入《中华人民共和国政府和日本国政府保护候鸟及其栖息环境协定》的种类有8种；列入《中华人民共和国政府和澳大利亚政府保护候鸟及其栖息环境的协定》的种类有13种；列入《濒危野生动植物种国际贸易公约》（CITES公约） 附录3的有2种（表3-6）。其中，黑脸琵鹭还被世界自然保护联盟（IUCN）列为全球濒危鸟种。

表3-6　两次调查记录到的黄龙港、新盈港红树林区的保护鸟类

国家重点（3种）	三有名录（20种）		中日保护（8种）	中澳保护（13种）	CITES公约（2种）
黑耳鸢Ⅱ	苍鹭	泽鹬	大白鹭	大白鹭	大白鹭Ⅲ
黑脸琵鹭Ⅱ	大白鹭	翻石鹬	中杓鹬	中杓鹬	白鹭Ⅲ
褐翅鸦鹃Ⅱ	白鹭	珠颈斑鸠	白腰杓鹬	白腰杓鹬	
	池鹭	褐翅鸦鹃	红脚鹬	红脚鹬	
	金眶鸻	普通翠鸟	青脚鹬	青脚鹬	
	金斑鸻	灰鹡鸰	矶鹬	矶鹬	
	蒙古沙鸻	白鹡鸰	灰鹡鸰	泽鹬	
	中杓鹬		白鹡鸰	翻石鹬	
	白腰杓鹬			褐翅燕鸥	
	红脚鹬			白鹡鸰	
	青脚鹬			灰鹡鸰	
	矶鹬			金眶鸻	
	栗树鸭			蒙古沙鸻	

3.5.3　红树林浮游植物

2014年秋季，临高红树林调查区域（黄龙港与新盈港）共鉴定到浮游植物4门42属78种（包括变种和变型）。其中，黄龙港区域鉴定到浮游植物4门37属66种，包括硅藻25属52种，约占种类数的78.79%；甲藻7属8种，约占种类数的12.12%；绿藻4属4种，约占种类数的6.06%；蓝藻1属2种，约占种类数的3.03%。新盈港区域鉴定到浮游植物2门23属41种，包括硅藻22属38种，约占种类数的92.68%；甲藻2属3种，约占种类数的7.32%。2014年秋季，黄龙港红树林区的浮游植物细胞丰度高于新盈港红树林区。黄龙港红树林区各站位浮游植物细胞丰度介于$151.50 \times 10^4 \sim 764.50 \times 10^4$ cells/m^3，平均细胞丰度为378.71×10^4 cells/m^3。新盈港红树林区各站位浮游植物细胞丰度介于$21.33 \times 10^4 \sim 107.00 \times 10^4$ cells/m^3，平均细胞丰度为62.23×10^4 cells/m^3。2014年秋季，黄龙港和新盈港红树林区浮游植物的优势种类明显，但优势种类略有不同。黄龙港红树林区优势种类主要有中肋骨条藻（*Skeletonema costatum*）、菱形海线藻原变种（*Thalassionema nitzschioides* var. *nitzschioides*）、斯氏根管藻（*Rhizosolenia stolterforthii*）、细小平裂藻（*Merismopedia minima*）等。新盈港红树林区优势种类主要有中肋骨条藻、菱形海线藻原变种、佛氏海毛藻（*Thalassiothrix frauenfeldii*）、泰晤士扭鞘藻（*Streptothece thamesis*）、高盒形藻（*Biddulphia regia*）、粗股角毛藻

（*Chaetoceros femur*）等。黄龙港和新盈港红树林区均以中肋骨条藻占主导优势，其平均细胞丰度分别为166.88 × 10^4 cells/m^{3}和15.91 × 10^4 cells/m^3，分别占各区域细胞总量的44.06%和29.82%，优势度分别为0.441和0.256。2014年秋季，黄龙港红树林区各站位浮游植物多样性指数介于1.84 ~ 2.70，平均值为2.32，均匀度介于0.38 ~ 0.61，平均值为0.51。新盈港红树林区各站位浮游植物多样性指数介于2.60 ~ 3.65，平均值为2.92，均匀度介于0.68 ~ 0.92，平均值为0.77。黄龙港红树林区的多样性指数和均匀度较新盈港低。虽然黄龙港红树林区的浮游植物种类较多，各站位浮游植物细胞丰度较高，但多数站位中肋骨条藻等少数种类数量众多，优势种趋向单一，浮游植物种间比例分布不均，使得多样性指数和均匀度略微偏低。新盈港红树林区虽浮游植物种类较少，但种间分布相对均匀，其多样性指数和均匀度略高于黄龙港红树林区。

2015年春季，临高红树林调查区域（黄龙港与新盈港）共鉴定到浮游植物4门33属59种（包括变种和变型）。其中，黄龙港区域鉴定到浮游植物4门24属43种，包括硅藻20属36种，约占种类数的83.72%；甲藻2属5种，约占种类数的11.63%；绿藻和蓝藻各1属1种，约占种类数的2.33%。新盈港区域鉴定到浮游植物4门24属38种，包括硅藻17属30种，约占种类数的78.95%；甲藻4属5种，约占种类数的13.16%；绿藻2属2种，约占种类数的5.26%；蓝藻1属1种，约占种类数的2.63%。2015年春季，黄龙港红树林区各站位浮游植物细胞丰度差异较大，变化范围为25.00 × 10^4 ~ 1 201.00 × 10^4 cells/m^3，平均细胞丰度为300.13 × 10^4 cells/m^3。新盈港红树林区各站位浮游植物细胞丰度介于10.70 × 10^4 ~ 213.90 × 10^4 cells/m^3，平均细胞丰度为43.44 × 10^4 cells/m^3。2015年春季，黄龙港和新盈港红树林区浮游植物优势种类相似，主要有覆瓦根管藻（*Rhizosolenia imbricata*）、细小平裂藻、笔尖形根管藻（*Rhizosolenia styliformis*）等。黄龙港红树林区以覆瓦根管藻占绝对优势，其平均细胞丰度为229.89 × 10^4 cells/m^3，占区域细胞总量的76.60%，优势度为0.766。新盈港红树林区以细小平裂藻占主导优势，其平均细胞丰度为28.81 × 10^4 cells/m^3，占区域细胞总量的66.32%，优势度为0.095。2015年春季，黄龙港红树林区各站位浮游植物多样性指数介于0.92 ~ 2.70，平均值为1.64，均匀度介于0.23 ~ 0.71，平均值为0.45。新盈港红树林区各站位浮游植物多样性指数介于0.46 ~ 3.49，平均值为2.63，均匀度介于0.13 ~ 0.86，平均值为0.69。黄龙港红树林区的多样性指数和均匀度较低，主要是由于覆瓦根管藻或细小平裂藻等少数种类在多数站位的数量众多，优势种趋向单一，浮游植物种间比例分布不均，使得多样性指数和均匀度偏低。新盈港红树林区除站位LG39外，其余站位的多样性指数和均匀度均较高，站位LG39也是由于细小平裂藻的大量繁殖，优势种趋向单一，浮游植物种间比例分布不均，而使该站位的多样性指数和均匀度较低。

根据春、秋两个航次的调查结果，黄龙港红树林区于春季航次鉴定到浮游植物4门24属43种，于秋季航次鉴定到4门37属66种；新盈港红树林区于春季航次鉴定到浮游植物4门24属38种，于秋季航次鉴定到2门23属41种；黄龙港和新盈港红树林区的浮游植物种类均以硅藻为主。黄龙港红树林区浮游植物细胞丰度在春、秋两季均远高于新盈港。黄龙港红树林区春季的浮游植物平均细胞丰度为300.13×10^4 cells/m^3，秋季为378.71×10^4 cells/m^3；新盈港红树林区春季的浮游植物平均细胞丰度为43.44×10^4 cells/m^3，秋季为62.23×10^4 cells/m^3。红树林区浮游植物细胞丰度在春、秋两季差别不大，秋季略高于春季。黄龙港和新盈港红树林区浮游植物的优势种类相似，但春、秋两季有明显不同。春季，黄龙港和新盈港红树林区浮游植物的优势种类主要有覆瓦根管藻、细小平裂藻、笔尖形根管藻等。秋季，黄龙港和新盈港红树林区浮游植物的优势种类主要有中肋骨条藻、菱形海线藻原变种、佛氏海毛藻、斯氏根管藻（*Rhizosolenia stolterforthii*）等，均以中肋骨条藻占主导优势。

春季，黄龙港红树林区浮游植物多样性指数和均匀度平均值分别为1.64和 0.45，新盈港分别为2.63和0.69。秋季，黄龙港红树林区浮游植物多样性指数和均匀度平均值分别为2.32和 0.51，新盈港分别为2.92和0.77。春、秋两季，黄龙港红树林区多数站位的多样性指数和均匀度较低，主要是由于个别种类（春季为覆瓦根管藻或细小平裂藻，秋季为中肋骨条藻）的细胞数量过多，优势种类趋向单一，浮游植物种间比例分布不均，使得多样性指数和均匀度较低。新盈港红树林区多数站位的多样性指数和均匀度较高，种间分布均匀，浮游植物群落结构较为稳定。

3.5.4 红树林浮游动物

2014年秋季，临高红树林调查区域（黄龙港与新盈港）共鉴定到浮游动物标本12类30属43种，不包括浮游幼体及鱼卵与仔鱼。其中，桡足类最多，有17属26种，占浮游动物总种数的60.47%；其次为十足类，有1属3种，占浮游动物总种数的6.98%；被囊类和多毛类有2属2种，磷虾类和毛颚类有1属2种，各占浮游动物总种数的4.65%；管水母类、介形类、糠虾类、端足类、水螅水母类和枝角类有1属1种，各占浮游动物总种数的2.33%。另有5个类别浮游幼体和若干鱼卵与仔鱼。2014年秋季，临高海域黄龙港红树林区域各站位浮游动物丰度介于75.00～3 050.00 ind/m^3，平均丰度为669.17 ind/m^3；各站位浮游动物生物量介于40.75～71.50 mg/m^3，平均生物量为51.38 mg/m^3。新盈港红树林区域各站位浮游动物丰度介于52.50～245.00 ind/m^3，平均丰度为149.64 ind/m^3；各站位浮游动物生物量介于33.00～83.33 mg/m^3，平均生物量为59.58 mg /m^3。临高海域黄龙港红树林区域浮游动物平均丰度高于新盈港红树林区域的平均丰度，浮游动物平均生物量低于新盈港红树林区域平均生物量。优势种的确定由优势度决定，2014年秋季临高海域红树林区域浮游动物优势种类有中华哲水蚤（*Calanus sinicus*）、细长腹剑水蚤（*Oithona attenuata*）、微刺哲水蚤（*Canthocalanus pauper*）、短尾类幼体（Brachyura larva）、中型莹虾（*Lucifer intermedius*）、针刺拟哲水蚤（*Paracalanus aculeatus*），其中以中华哲水蚤为主，优势度为0.211，平均丰度为118.46 ind/m^3。2014年秋季，临高海域黄龙港红树林区域各站位浮游动物多样性指数介于1.83～3.21，平均多样性指数为2.76；各站位浮游动物均匀度介于0.49～0.97，平均均匀度为0.82。新盈港红树林区域各站位浮游动物多样性指数介于2.31～3.58，平均多样性指数为3.24；各站位浮游动物均匀度介于0.70～0.99，平均均匀度为0.91。临高海域黄龙港红树林区域浮游动物平均多样性指数低于新盈港红树林区域平均多样性指数，浮游动物平均均匀度低于新盈港红树林区域平均均匀度。

2015年春季，临高红树林调查区域（黄龙港与新盈港）共鉴定到浮游动物标本10类22属26种，不包括浮游幼体及鱼卵与仔鱼。其中，桡足类最多，有10属12种，占浮游动物总种数的46.15%；其次为十足类，有2属3种，各占浮游动物总种数的11.54%；磷虾类和水螅水母类有2属2种，毛颚类有1属2种，各占浮游动物总种数的7.69%；被囊类、多毛类、管水母类、介形类和枝角类有1属1种，各占浮游动物总种数的3.85%。另有3个类别浮游幼体和若干鱼卵与仔鱼。2015年春季，临高海域黄龙港红树林区域各站位浮游动物丰度介于20.00～67.50 ind/m^3，平均丰度为38.14 ind/m^3；各站位浮游动物生物量介于14.67～65.50 mg/m^3，平均生物量为39.95 mg/m^3。新盈港红树林区域各站位浮游动物丰度介于71.67～310.00 ind/m^3，平均丰度为122.62 ind/m^3；各站位浮游动物生物量介于13.50 ~ 67.33 mg/m^3，平均生物量为25.52 mg/m^3。2015年春季，临高海域红树林区域浮游动物优势种类有微刺哲水蚤、短尾类幼体、中华哲水蚤、针刺拟哲水蚤，其中以微刺哲水蚤为主，优势度为0.125，平均丰度为13.54 ind/m^3。2015年春季，临高海域黄龙港红树林区域各站位浮游动物多样性指数介于2.49 ~ 3.21，平均多样性指数为2.89；各站位浮游动物均匀度介于0.91 ~ 0.96，平均均匀度为0.89。新盈港红树林区域各站位浮游动物多样性指数介于2.68 ~ 3.57，平均多样性指数为2.94；各站位浮游动物均匀度介于0.84 ~ 0.94，平均均匀度为0.88。

3.5.5 红树林大型底栖动物

2014年秋季调查结果表明，临高红树林调查区域共采获3个生物类别中的26种大型底栖动物。其中，软体类动物出现的种类最多，有21种；其次为甲壳类，有4种；再次为鱼类，有1种。根据种类优势度的计算结果，优势种分别为光织纹螺（*Nassarius rutilans*）、近江牡砺（*Crassostrea rivularis*）、隆线强蟹（*Eucrate crenata*）、纹藤壶（*Balanus amphitrite*）、秀丽织纹螺（*Nassarius dealbatus*）和衣紫蛤（*Psammotaena togata*）。2014年秋季，临高红树林调查区域各站大型底栖动物多样性指数的变化范围为0.72 ~ 2.13，平均值为1.39；各站大型底栖动物均匀度的变化范围为0.26 ~ 0.50，平均值为0.45。2014年秋季，临高红树林区域各站位大型底栖动物生物量的变化范围为4.00 ~ 624.89 g/m^2，平均生物量为165.67 g/m^2；各站位大型底栖动物栖息密度的变化范围为44 ~ 422 ind/m^2，平均密度为157 ind/m^2。不同生物类别在调查站位的出现率，以软体类动物出现率最高，为80.77%；甲壳类动物次之，出现率为15.38%；鱼类出现率最低，出现率为3.85%。各类别生物量的分布状况为：软体类（124.55 g/m^2）> 鱼类（165.67 g/m^2）> 甲壳类（56.17 g/m^2）。各类别生物的栖息密度分布状况为：软体类（121 ind/m^2）> 甲壳类（56 ind/m^2）> 鱼类（22 ind/m^2）。

2015年春季调查结果表明，临高红树林调查区域共采获4个生物类别中的19种大型底栖动物。其中，软体类动物出现的种类最多，有15种；其次为多毛类，有2种；甲壳类与棘皮类，各有1种。优势种为彩虹明樱蛤（*Moerella iridescens*）、布氏蚶（*Arca boucardi*）、红明樱蛤（*Moerella rutila*）、鳞杓拿蛤（*Anomalocardia squamosa*）、猫爪牡蛎（*Ostrea pestigris*）、突畸心蛤（*Anomalocardia producta*）、文蛤（*Meretrix*

meretrix）、棕板蛇尾（*Ophiomaza cacaotica*）和纵带滩栖螺（*Batillaria zonalis*）。2015年春季，临高红树林调查区域各站大型底栖动物多样性指数的变化范围为0.00～2.20，平均值为1.05；各站大型底栖动物均匀度的变化范围为0.55～1.00，平均值为0.85。2015年春季，临高红树林区域各站位大型底栖动物生物量的变化范围为0.50～293.50 g/m^2，平均生物量为63.87 g/m^2；各站位大型底栖动物栖息密度的变化范围为6～100 ind/m^2，平均密度为40 ind/m^2。不同生物类别在调查站位的出现率，以软体类动物出现率最高，为78.95%；多毛类出现率次之，为10.53%；甲壳类与棘皮类出现率最低，出现率均为5.26%。各类别生物量的分布状况为：甲壳类（76.88 g/m^2）> 软体类（63.52 g/m^2）> 棘皮类（3.19 g/m^2）> 多毛类（1.44 g/m^2）。各类别生物的栖息密度分布状况为：棘皮类（38 ind/m^2）> 软体类（36 ind/m^2）> 甲壳类（25 ind/m^2）> 多毛类（19 ind/m^2）。

3.6 珊瑚礁资源

3.6.1 珊瑚种类与分布

2014年秋季，临高调查海域共调查到造礁石珊瑚8科13属20种，主要优势种为交替扁脑珊瑚（*Platygyra crosslandi*）、二异角孔珊瑚（*Goniopora duofasciata*）、澄黄滨珊瑚（*Porites lutea*）、秘密角蜂巢珊瑚（*Favites abdita*），常见珊瑚种类有精巧扁脑珊瑚（*Platygyra daedalea*）、标准蜂巢珊瑚（*Favia speciosa*）、网状菊花珊瑚（*Goniastrea retiformis*）等；软珊瑚种类较少，仅调查到短指软珊瑚（*Sinularis* sp.）和肉芝软珊瑚（*Saycophyton* sp.）。

2015年春季，临高调查海域共调查到造礁石珊瑚10科21属32种，主要优势种为交替扁脑珊瑚、二异角孔珊瑚、澄黄滨珊瑚、秘密角蜂巢珊瑚，常见珊瑚种类有精巧扁脑珊瑚、标准蜂巢珊瑚、网状菊花珊瑚等；软珊瑚种类较少，仅调查到短指软珊瑚和肉芝软珊瑚。另见少量柳珊瑚（Gorgonacea，软珊瑚）。

2015年春季调查到的造礁石珊瑚种类比2014年秋季增加了12种，主要包括鹿角珊瑚（*Acropora* sp.）、宝石刺孔珊瑚（*Echinopora gemmacea*）、同双星珊瑚（*Diploastrea heliopora*）、圆菊珊瑚（*Montastrea* sp.）、棘星珊瑚（*Acanthastrea echinata*）等种类；2014年和2015年调查到的软珊瑚种类都为短指软珊瑚和肉芝软珊瑚。2015年调查到少量柳珊瑚。

调查海域的珊瑚主要分布在水深2～4 m区域，多为零星分布，很难看到成片分布的珊瑚，仅在邻昌礁附近可以看到相对较好的珊瑚礁生态系统（图3-10）。

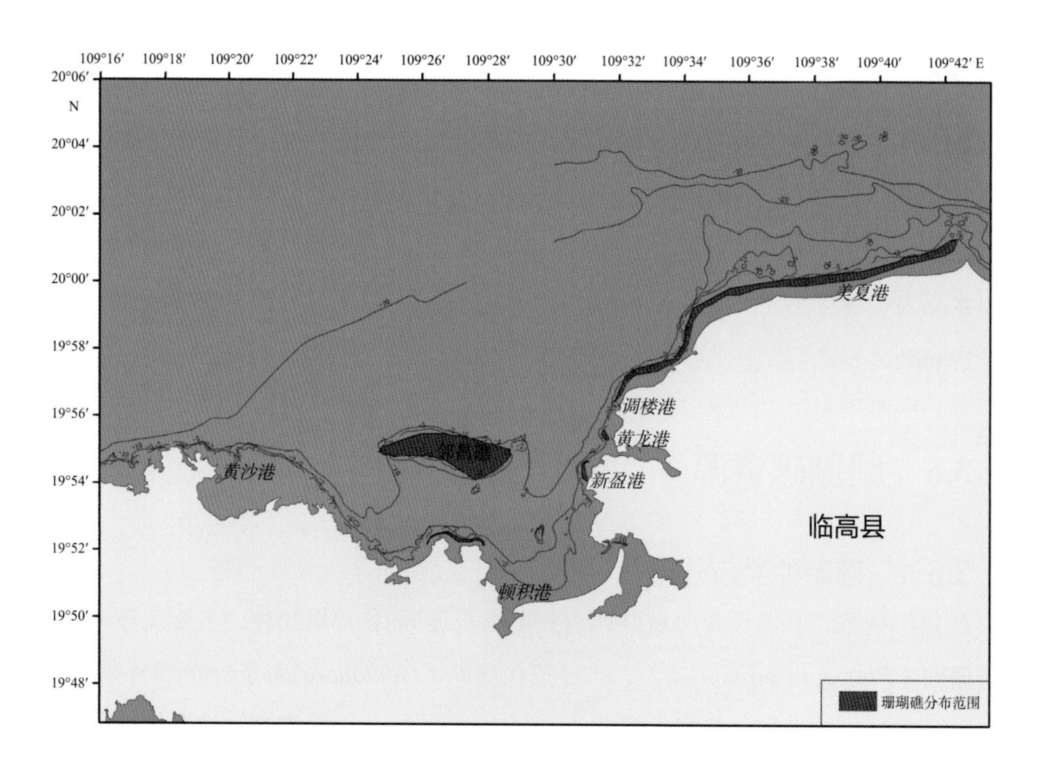

图3-10　临高调查海域珊瑚礁分布范围

3.6.2　珊瑚覆盖率

2014年秋季，临高调查海域的珊瑚覆盖率为2.66%，基本都为造礁石珊瑚，礁石比例为64.54%，砂土为32.80%（表3-7）。在邻昌礁附近可以看到相对较好的珊瑚礁生态系统，局部区域的珊瑚覆盖率可以达到18%左右。

2015年春季，临高调查海域的珊瑚覆盖率为5.48%，基本都为造礁石珊瑚，礁石比例为79.70%，砂土为14.82%（表3-7）。2015年春季海水透明度相对较高，可以看到临高调查海域部分区域的造礁石珊瑚覆盖率可以达到10%左右，但是绝大多数区域的珊瑚覆盖率在5%以下。

表3-7　临高海域底质分布情况

年份	珊瑚覆盖率（%）	藻类覆盖率（%）	补充量（ind/m^2）	礁石（%）	砂（%）
2014	2.66	0.00	0.03	64.54	32.80
2015	5.48	0.23	0.21	79.70	14.82

3.6.3　珊瑚死亡率及病害

2014年秋季调查显示，临高调查海域珊瑚死亡率和病害发生率都为0.00%，仅记录到个别的白化菊花珊瑚和染病的澄黄滨珊瑚。

2015年春季调查显示，临高调查海域珊瑚死亡率和病害发生率都为0.00%。

3.6.4　珊瑚补充量

2014年秋季，临高调查海域的珊瑚补充量非常低，平均仅为0.03 ind/m^2，低的珊瑚补充量导致珊瑚恢复速度缓慢。大多数区域的珊瑚补充量都为0.00 ind/m^2，主要是因为该海域悬浮物浓度较高，沉积到底质中，影响了珊瑚幼虫的附着。即便珊瑚幼虫附着了，悬浮物也会覆盖在珊瑚表面，使新长成的珊瑚窒息死亡。

2015年春季，临高调查海域的珊瑚补充量相对较低，平均为0.21 ind/m^2。从调查数据可以看出，大多数区域的珊瑚补充量都未超过0.20 ind/m^2，主要是因为该海域悬浮物浓度较高，影响了珊瑚幼虫的附着。此外，该海域珊瑚不多，每年产生的珊瑚幼虫也不多，这也导致珊瑚补充量不高。

3.6.5　珊瑚礁鱼类

2014年秋季，临高调查海域共调查到珊瑚礁鱼类12种，主要为三线矶鲈（*Parapristipoma trilineatum*）、两色光鳃雀鲷（*Chromis margaritifer*）、黑高身雀鲷（*Stegastes nigricans*）、条纹鯻（*Terapon theraps*）、褐斑蓝子鱼（*Siganus fuscescens*）等。该区域的鱼类密度为6.50 ind/100 m^2，鱼类体长偏小，平均仅为3.74 cm（表3-8），多为小型珊瑚礁鱼类，有经济价值的较少。

2015年春季，临高调查海域共调查到珊瑚礁鱼类16种，主要为褐斑蓝子鱼、三线矶鲈、两色光鳃雀鲷、黑高身雀鲷、天竺鲷（*Apogon* sp.）等。该区域的鱼类密度为18.23 ind/100 m^2，鱼类体长也偏小，平均仅为5.39 cm（表3-8），多为小型珊瑚礁鱼类，有经济价值的较少。

在鱼类种类、密度、大小等方面，2015年春季都高于2014年秋季。

表3-8　临高海域珊瑚礁鱼类分布情况

年份	鱼类种类	鱼类密度（ind/100 m^2）	鱼类体长（cm）
2014	12	6.50	3.74
2015	16	18.23	5.39

3.6.6　大型藻类及大型底栖动物

2014年秋季，临高调查海域大型藻类几乎未见，大型藻类覆盖率为0.00%；大型底栖动物也较少，偶见海参（*Oplopanax* sp.）、海葵（*Actiniaria* sp.）、宝贝（Cypraeidae）、管虫（*Sabellastarte magnifica*）等大型底栖动物。

2015年春季，临高调查海域大型藻类较少，大型藻类覆盖率为0.23%，主要种类为簇生乳节藻（*Galaxaura fasciculata*）；大型底栖动物也较少，偶见海参、海葵、海兔（*Ovula ovum*）、管虫等大型底栖动物。

第4章 儋州海域生态环境与生物资源

4.1 海洋环境

4.1.1 水体环境

（1）水温

2014年秋季，儋州调查海域水温变化范围为26.0～28.0℃，平均值为27.0℃。表层水温变化范围为26.0～28.0℃，平均值为27.2℃；中层水温变化范围为26.7～27.3℃，平均值为26.9℃；底层水温变化范围为26.2～27.2℃，平均值为26.9℃。表层水温高于中层及底层水温。

2015年春季，儋州调查海域水温变化范围为27.0～32.0℃，平均值为30.9℃。表层水温变化范围为30.0～32.0℃，平均值为31.2℃；中层水温变化范围为27.4～31.2℃，平均值为29.4℃；底层水温变化范围为26.8～28.6℃，平均值为27.4℃。表层水温高于中层及底层水温。

（2）盐度

2014年秋季，儋州调查海域海水盐度变化范围为27.066～33.890，平均值为32.564。表层海水盐度变化范围为27.066～33.814，平均值为32.186；中层海水盐度变化范围为31.901～33.755，平均值为32.834；底层海水盐度变化范围为31.897～33.890，平均值为33.084。底层盐度略高于表层和中层盐度。

2015年春季，儋州调查海域海水盐度变化范围为32.684～33.740，平均值为33.529。表层海水盐度变化范围为32.684～33.740，平均值为33.466；中层海水盐度变化范围为33.612～33.633，平均值为33.623；底层海水盐度变化范围为33.399～33.670，平均值为33.605。中层盐度略高于表层和底层盐度。

（3）pH值

2014年秋季，儋州调查海域海水pH值变化范围为7.95～8.26，平均值为8.21。表层海水pH值变化范围为7.95～8.26，平均值为8.17；底层海水pH值变化范围为8.17～8.26，平均值为8.22。底层的海水pH值微高于表层。

2015年春季，儋州调查海域海水pH值变化范围为7.93～8.11，平均值为8.07。

表层海水pH值变化范围为7.93 ~ 8.11，平均值为8.06；底层海水pH值变化范围为8.07 ~ 8.10，平均值为8.08。底层的海水pH值微高于表层。

（4）溶解氧（DO）

2014年秋季，儋州调查海域溶解氧含量变化范围为6.01 ~ 6.22 mg/L，平均值为6.13 mg/L。表层溶解氧含量变化范围为6.02 ~ 6.22 mg/L，平均值为6.15 mg/L；底层溶解氧含量变化范围为6.01 ~ 6.20 mg/L，平均值为6.10 mg/L。表层海水溶解氧含量略高于底层。

2015年春季，儋州调查海域溶解氧含量较高，变化范围为6.54 ~ 8.28 mg/L，平均值为7.28 mg/L。表层海水溶解氧含量变化范围为6.54 ~ 8.28 mg/L，平均值为7.30 mg/L；底层海水溶解氧含量变化范围为6.62 ~ 8.05 mg/L，平均值为7.25 mg/L。表层海水溶解氧含量略高于底层。

（5）化学需氧量（COD）

2014年秋季，儋州调查海域海水COD变化范围为0.74 ~ 1.91 mg/L，平均值为1.30 mg/L。表层平均值为1.34 mg/L，底层平均值为1.20 mg/L。

2015年春季，儋州调查海域海水COD变化范围为0.30 ~ 0.88 mg/L，平均值为0.58 mg/L。表层平均值为0.59 mg/L，底层平均值为0.58 mg/L。

（6）悬浮物（SS）

2014年秋季，儋州调查海域表层海水悬浮物含量变化范围为10.7 ~ 22.6 mg/L，平均值为16.4 mg/L；底层海水悬浮物含量变化范围为11.3 ~ 29.0 mg/L，平均值为16.0 mg/L。

2015年春季，儋州调查海域表层海水悬浮物含量变化范围为3.4 ~ 16.8 mg/L，平均值为7.4 mg/L；底层海水悬浮物含量变化范围为3.4 ~ 12.5 mg/L，平均值为6.8 mg/L。

（7）石油类

2014年秋季，儋州调查海域表层海水石油类含量变化范围为0.007 ~ 0.032 mg/L，平均值为0.016 mg/L。

2015年春季，儋州调查海域表层海水石油类含量变化范围为0.001 ~ 0.040 mg/L，平均值为0.018 mg/L。

（8）无机氮（IN）

2014年秋季，儋州调查海域海水无机氮含量变化范围为0.026 ~ 0.140 mg/L，平均值为0.080 mg/L。表层平均值为0.085 mg/L，底层平均值为0.104 mg/L。

2015年春季，儋州调查海域海水无机氮含量变化范围为0.019 ~ 0.134 mg/L，平均值为0.057 mg/L。表层平均值为0.054 mg/L，底层平均值为0.056 mg/L。

（9）无机磷（IP）

2014年秋季，儋州调查海域表层海水活性磷酸盐含量变化范围为0.001 ~ 0.029 mg/L，平均值为0.007 mg/L；底层海水活性磷酸盐含量变化范围为0.001 ~ 0.007 mg/L，平均值为0.003 mg/L。

2015年春季，儋州调查海域表层海水活性磷酸盐含量变化范围为0.004 ~ 0.011 mg/L，平均值为0.006 mg/L；底层海水活性磷酸盐含量变化范围为0.003 ~ 0.007 mg/L，平均值为0.005 mg/L。

（10）汞（Hg）

2014年秋季，儋州调查海域海水汞含量的变化范围为0.007 ~ 0.038 μg/L，平均值为0.025 μg/L。表层平均值为0.025 μg/L，底层平均值为0.025 μg/L。

2015年春季，儋州调查海域表层海水汞含量的变化范围为0.010 ~ 0.040 μg/L，平均值为0.025 μg/L；底层海水汞含量的变化范围为0.008 ~ 0.038 μg/L，平均值为0.024 μg/L。

（11）铅（Pb）

2014年秋季，儋州调查海域表层海水铅含量的变化范围为1.0 ~ 4.4 μg/L，平均值为2.9 μg/L；底层海水铅含量的变化范围为1.3 ~ 3.8 μg/L，平均值为2.6 μg/L。

2015年春季，儋州调查海域表层海水铅含量的变化范围为0.57 ~ 2.69 μg/L，平均值为1.32 μg/L；底层海水铅含量的变化范围为0.72 ~ 1.77 μg/L，平均值为1.03 μg/L。

4.1.2 沉积物环境

儋州调查海域表层沉积物有机碳含量分布表现为高值出现在新英湾口门外小铲礁附近和海花岛西侧，以及洋浦北部工业区填海项目附近区域，最大值出现在海花岛西侧附近区域，其他区域有机碳含量较低且分布均匀。

表层沉积物石油类含量分布表现为新英湾口门至小铲礁之间的港口及航道区域沉积物石油类含量高，其他区域石油类含量较低，分布均匀。

表层沉积物砷含量分布表现为调查区域南部出现较高含量值，其他区域含量稍低且分布均匀，砷含量最大值出现在小铲礁附近，达18.94×10^{-6}，其次是排浦渔港附近，为18.05×10^{-6}。

表层沉积物铬含量分布较均匀，部分站位的铬含量水平稍高，尤其小铲礁附近出现77.8×10^{-6}的最大值和新英湾内中部区域出现73.6×10^{-6}的次高值，沉积物铬含量水平均符合第一类沉积物质量标准（$< 80.0 \times 10^{-6}$）。

各站点表层沉积物总汞含量很低且分布较均匀，含量水平均符合第一类沉积物质量标准（$< 0.2 \times 10^{-6}$）。

总体来说，调查海域表层沉积物中各要素含量在各站位间总体变化幅度不大，平面分布较均匀，石油类各站位间含量差异相对较大，各站铬和砷含量总体相对较高。

4.2 浮游生物

4.2.1 浮游植物

（1）种类组成

2014年秋季，儋州调查海域共鉴定到浮游植物3门46属102种（包括变种及变型），其中硅藻36属82种，甲藻9属18种，蓝藻1属2种。

2015年春季，儋州调查海域共鉴定到浮游植物3门34属72种（包括变种及变型），其中硅藻27属59种，甲藻6属12种，蓝藻1属1种。

（2）优势种

2014年秋季，儋州调查海域的浮游植物优势种类明显，主要为细弱海链藻（*Thalassiosira subtilis*）、菱形海线藻原变种（*Thalassionema nitzschioides* var. *nitzschioides*）、钟状中鼓藻（*Bellerochea horologicalis*）、中肋骨条藻（*Skeletonema costatum*）等。

2015年春季的优势种类与秋季相比有所差异，主要为中肋骨条藻、长菱形藻弯端变种（*Nitzschia longissima* var. *reversa*）、琼氏圆筛藻（*Coscinodiscus jonesianus*）、螺端根管藻（*Rhizosolenia cochlea*）、劳氏角毛藻（*Chaetoceros lorenzianus*）、扁平原多甲藻（*Protoperidinium depressum*）、菱形海线藻原变种等。

（3）多样性指数和均匀度

2014年秋季，儋州调查海域各站位浮游植物多样性指数范围为0.70～3.89，平均值为2.99；各站位均匀度范围为0.16～0.83，平均值为0.60。

2015年春季，儋州调查海域各站位浮游植物多样性指数范围为2.22～4.46，平均值为3.67；各站位均匀度范围为0.52～0.92，平均值为0.79。

秋季调查中一个站位由于细弱海链藻数量异常丰富，优势种类单一化，浮游植物种间比例分布不均，使得该站位多样性指数和均匀度很低。春、秋两季的其他站位浮游植物的多样性指数和均匀度均较高，浮游植物种类丰富，种间分布均匀，浮游植物群落结构稳定。

（4）细胞丰度

2014年秋季，儋州调查海域各站位浮游植物细胞丰度介于19.60×10^4～$1\,372.50\times10^4$ cells/m^3，平均细胞丰度为207.53×10^4 cells/m^3（图4-1）。

2015年春季，儋州调查海域各站位浮游植物细胞丰度介于8.90×10^4～89.00×10^4 cells/m^3，平均细胞丰度为34.60×10^4 cells/m^3（图4-1）。

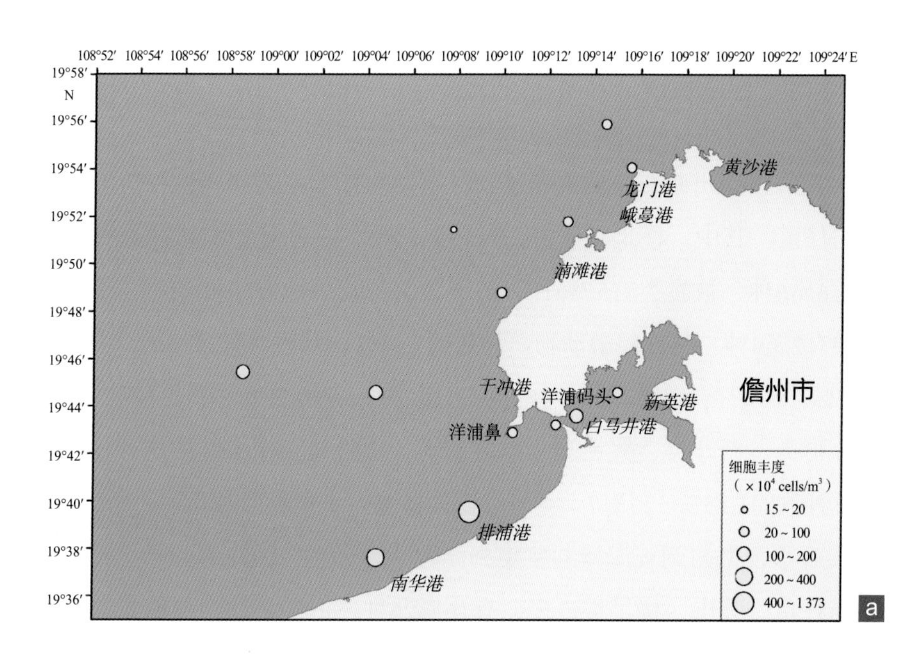

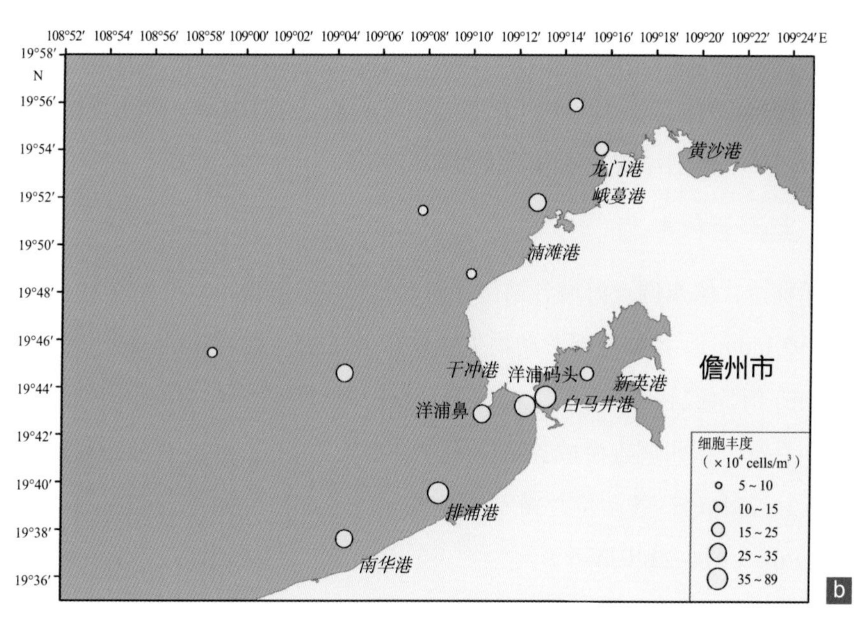

图4-1　浮游植物细胞丰度

a.秋季；b.春季

4.2.2 浮游动物

（1）种类组成

2014年秋季，儋州调查海域共鉴定到浮游动物标本15类39属54种，不包括浮游幼体及鱼卵与仔鱼。其中，桡足类最多，有13属20种，占浮游动物总种数的37.04%；水螅水母类有6属6种，被囊类有5属6种，各占浮游动物总种数的11.11%；毛颚类有1属4种，十足类有2属4种，各占浮游动物总种数的7.41%；多毛类有2属3种，占浮游动物总种数的5.56%；端足类有2属2种，磷虾类有1属2种，各占浮游动物总种数的3.70%；管水母类、介形类、糠虾类、翼足类、原生动物、枝角类和栉水母类均有1属1种，各占浮游动物总种数的1.85%。另有7个类别浮游幼体和若干鱼卵与仔鱼。

2015年春季，儋州调查海域共鉴定到浮游动物标本11类32属48种，不包括浮游幼体及鱼卵与仔鱼。其中，桡足类最多，有16属26种，占浮游动物总种数的54.17%；十足类有2属4种，毛颚类有1属4种，各占浮游动物总种数的8.33%；磷虾类有2属3种，占浮游动物总种数的6.25%；被囊类、多毛类、水螅水母类和枝角类均有2属2种，各占浮游动物总种数的4.17%；管水母类、介形类和翼足类均有1属1种，各占浮游动物总种数的2.08%。另有5个类别浮游幼体和若干鱼卵与仔鱼。

（2）生物量和丰度

2014年秋季，儋州调查海域各站位浮游动物丰度介于25.00 ~ 1 319.23 ind/m^3，平均丰度为408.93 ind/m^3；各站位浮游动物生物量介于15.25 ~ 663.13 mg /m^3，平均生物量为193.72 mg /m^3（图4–2和图4–3）。

2015年春季，儋州调查海域各站位浮游动物丰度介于17.69 ~ 3 312.00 ind/m^3，平均丰度为610.36 ind/m^3；各站位浮游动物生物量介于6.35 ~ 98.00 mg/m^3，平均生物量为41.87 mg/m^3（图4–2和图4–3）。

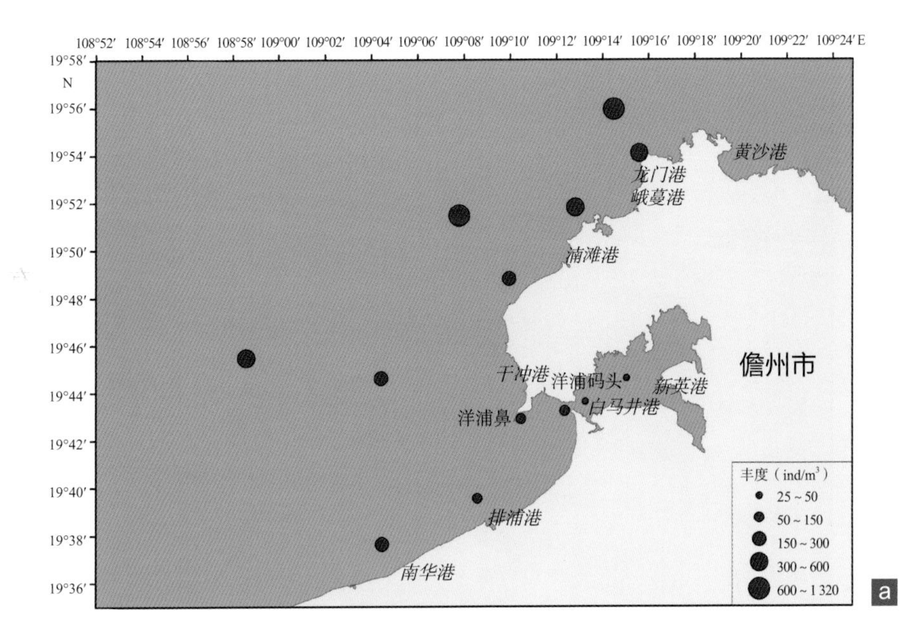

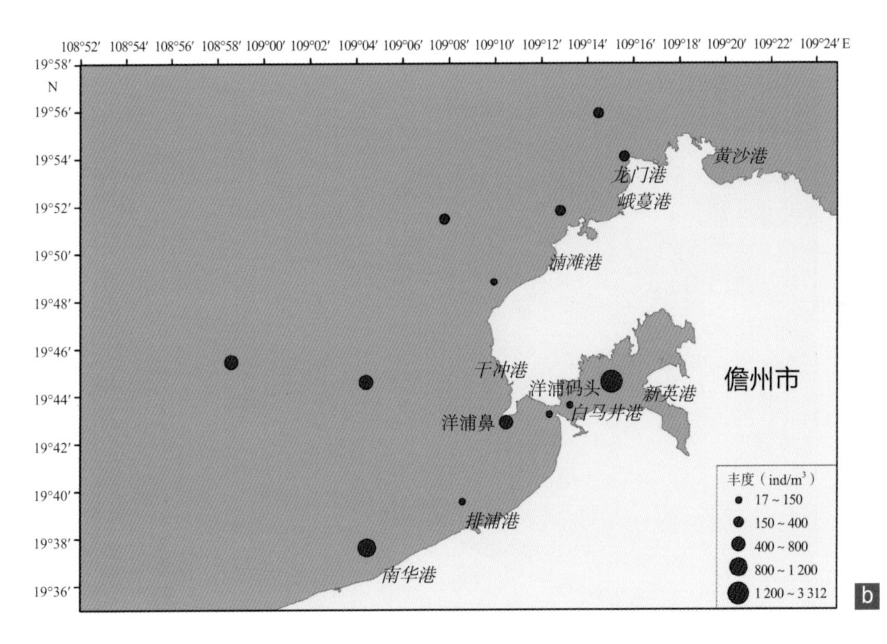

图4-2　浮游动物丰度

a.秋季；b.春季

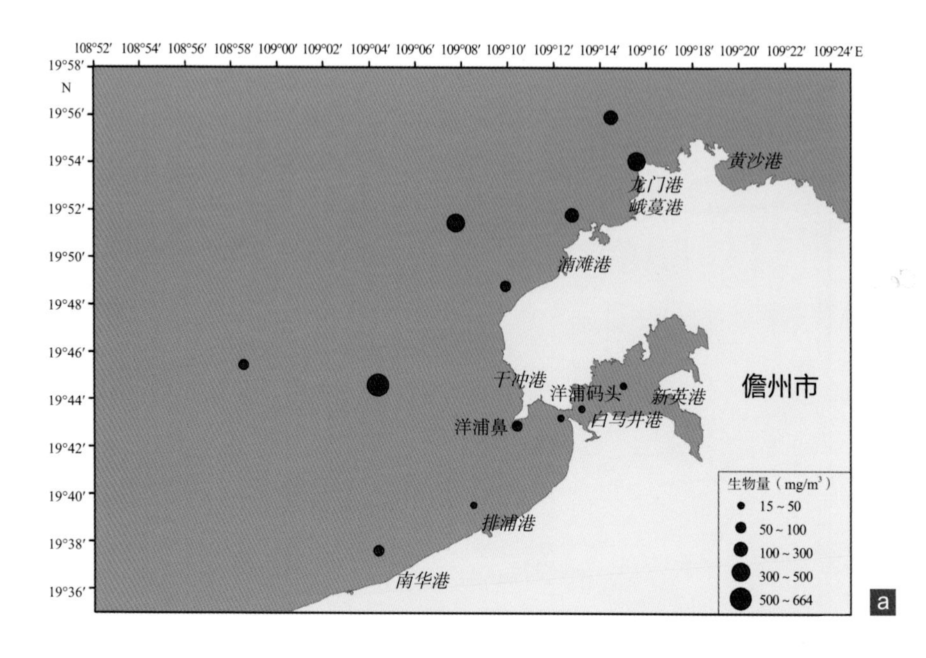

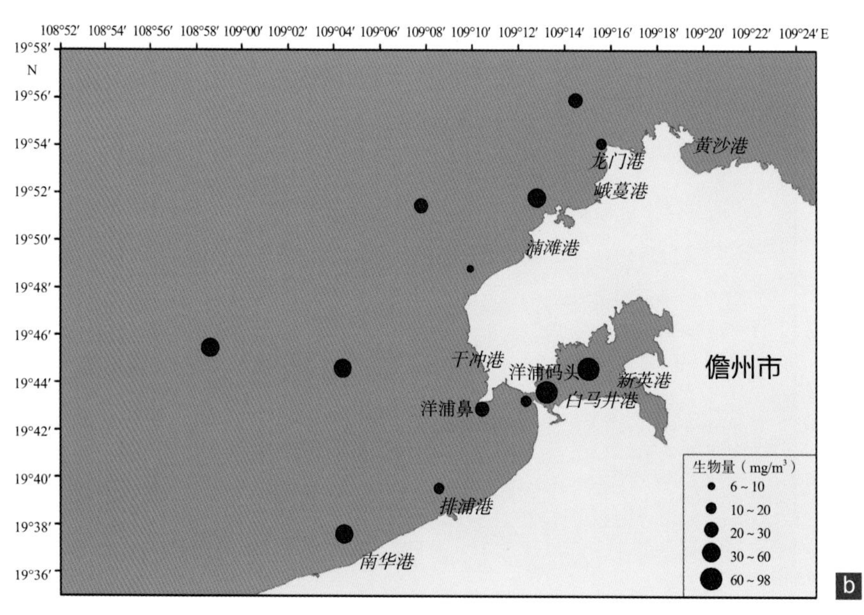

图4-3　浮游动物生物量
a.秋季；b.春季

（3）优势种

2014年秋季，儋州调查海域浮游动物优势种类有中型莹虾（*Lucifer intermedius*）、中华哲水蚤（*Calanus sinicus*）、双生水母（*Diphyes chamissonis*）、肥胖箭虫（*Sagitta enflata*）、鸟喙尖头溞（*Penilia avirostris*）、短尾类幼体（Brachyura larva）、瘦尾胸刺水蚤（*Centropages tenuiremis*）、微刺哲水蚤（*Canthocalanus pauper*）。以中型莹虾为主，优势度为0.148，平均丰度为71.54 ind/m^3。

2015年春季，儋州调查海域浮游动物优势种类有短尾类幼体、微刺哲水蚤、细长腹剑水蚤（*Oithona attenuata*）、针刺真浮萤（*Euconchoecia aculeata*）、中型莹虾、中华哲水蚤、针刺拟哲水蚤（*Paracalanus aculeatus*）、异尾宽水蚤（*Temora discaudata*）、锥形宽水蚤（*Temora turbinata*）、双生水母。以短尾类幼体为主，优势度为0.191，平均丰度为126.16 ind/m^3。

（4）多样性指数和均匀度

2014年秋季，儋州调查海域各站位浮游动物多样性指数介于3.08 ~ 3.74，平均多样性指数为3.48；各站位浮游动物均匀度介于0.72 ~ 0.93，平均均匀度为0.83。

2015年春季，儋州调查海域各站位浮游动物多样性指数介于2.54 ~ 4.05，平均多样性指数为3.42；各站位浮游动物均匀度介于0.70 ~ 0.90，平均均匀度为0.81。

4.2.3 叶绿素 a 与初级生产力

2014年秋季，调查海域各站位之间叶绿素a含量的变化幅度不大。表层叶绿素a含量的变化范围为0.10 ~ 1.28 mg/m^3，平均值为0.43 mg/m^3；中层叶绿素a含量的变化范围为0.12 ~ 0.28 mg/m^3，平均值为0.21 mg/m^3；底层叶绿素a含量的变化范围为0.09 ~ 0.94 mg/m^3，平均值为0.32 mg/m^3。三层之间叶绿素a含量差异不大。表层叶绿素a含量分布规律和水质参数大体一致，其中在新英湾口门外大铲礁东北侧达到最高，为1.28 mg/m^3；调查区域表层叶绿素a含量均在很低的范围内。底层叶绿素a含量高值区主要分布在洋浦北部工业区填海项目近岸处和靠近峨蔓近岸处附近区域，其他区域叶绿素a含量较低，且变化梯度较小；调查区域底层叶绿素a含量均在很低的范围内。就叶绿素a的含量来讲，调查海域属于贫营养，不存在富营养化现象［参考美国环保局（EPA）关于叶绿素a含量的评价标准：< 4 mg/m^{3}为贫营养，4 ~ 10 mg/m^{3}为中营养，> 10 mg/m^{3}为富营养］。海洋初级生产力是由表层叶绿素a含量代入经验公式计算所得，仅代表该海域的大概水平。根据Cadee和Hegeman（1974）提出的简化公式：$P = Ca \cdot Q \cdot L \cdot t / 2$，其中，$P$为初级生产力[mgC/(m^2 · d)]；$Ca$为表层叶绿素a含量（mg/m^3）；$Q$为同化系数[mgC/(mgChla · h)]，根据以往在南海海域的调查结果，调查海域的Q值取3.70；L为真光层的深度（m），根据实际调查海域的透明度估算；t为白昼时间（h），本海域取12 h。儋州调查海域各站位平均透明度为3.80 m，表层叶绿素a的平均含量为0.43 mg/m^3，经计算得到调查海域的初级生产力为36.27 mgC/(m^2 · d)。

2015年春季，调查海域各站位之间叶绿素a含量分布较为均匀，站位间的差别不大。调查海域海水叶绿素a含量的变化范围为0.03 ~ 1.90 mg/m^3，平均值为1.00 mg/m^3。表层含量变化范围为0.24 ~ 1.90 mg/m^3，平均值为1.11 mg/m^3；中层含量变化范围为0.06 ~ 0.61 mg/m^3，平均值为0.34 mg/m^3；底层含量变化范围为0.03 ~ 1.87 mg/m^3，平均值为0.98 mg/m^3。叶绿素a含量表现为表层 > 底层 > 中层。调查海域叶绿素a含量较低，最大值出现在新英湾内湾2号站位，测值为1.90 μg/L。整个调查海域属于贫营养，不存在富营养化现象［参考美国环保局（EPA）关于叶绿素a含量的评价标准：< 4 mg/m^{3}为贫营养，4 ~ 10 mg/m^{3}为中营养，> 10 mg/m^{3}为富营养］。海洋初级生产力是由表层叶绿素a含量代入经验公式计算所得，仅代表该海域的大概水平。儋州调查海域各站位的平均透明度为3.23 m，表层叶绿素a的平均含量为1.11 mg/m^3，经计算得到该海域的初级生产力为79.59 mgC/(m^2 · d)。

4.3 大型底栖动物

4.3.1 海底大型底栖动物

（1）种类组成

2014年秋季，儋州调查海域共采获4个生物类别中的25种大型底栖动物。其中，软体类动物出现的种数最多，有17种；其次为多毛类，有4种；棘皮类有3种；甲壳类有1种。

2015年春季，儋州调查海域共采获5个生物类别中的23种大型底栖动物。其中，软体类动物出现的种类最多，有14种；其次为甲壳类与多毛类，均有3种；棘皮类有2种；鱼类有1种。

儋州调查海域春、秋两季种类数相差不大，其中软体类占绝大多数。

（2）优势种

2014年秋季，儋州调查海域大型底栖动物优势种主要有波纹巴非蛤（*Paphia undulata*）、彩虹明樱蛤（*Moerella iridescens*）、欧文虫（*Owenia fusiformis*）、纹藤壶（*Balanus amphitrite*）、岩虫（*Marphysa sanguinea*）和周氏突齿沙蚕（*Leonnates jousseaumei*）。

2015年春季，儋州调查海域大型底栖动物优势种主要有波纹巴非蛤、蝐螺（*Umbonium vestiarium*）、大缝角贝（*Dentalium vernedei*）、鸽螺（*Peristernia nassatula*）、红明樱蛤（*Moerella rutila*）、鳞杓拿蛤（*Anomalocardia squamosa*）、欧文虫、岩虫、中国毛虾（*Acetes chinensis*）和棕板蛇尾（*Ophiomaza cacaotica*）。

（3）多样性指数和均匀度

2014年秋季，儋州调查海域各站大型底栖动物多样性指数的变化范围为0.00～2.75，平均值为1.47；各站底栖动物均匀度的变化范围为0.00～0.50，平均值为0.36。

2015年春季，儋州调查海域各站大型底栖动物多样性指数的变化范围为0.00～2.42，平均值为1.68；各站底栖动物均匀度的变化范围为0.73～1.00，平均值为0.90。

（4）各站位生物量及栖息密度

2014年秋季，儋州调查海域各站位大型底栖动物生物量的变化范围为0.67～544.89 g/m^2，平均生物量为123.93 g/m^2；各站位大型底栖动物栖息密度的变化范围为22～1 756 ind/m^2，平均密度为386 ind/m^2（图4-4和图4-5）。

2015年春季，儋州调查海域各站位大型底栖动物生物量的变化范围为0.05～353.00 g/m^2，平均生物量为56.37g/m^2；各站位大型底栖动物栖息密度的变化范围为6～250 ind/m^2，平均密度为78 ind/m^2（图4-4和图4-5）。

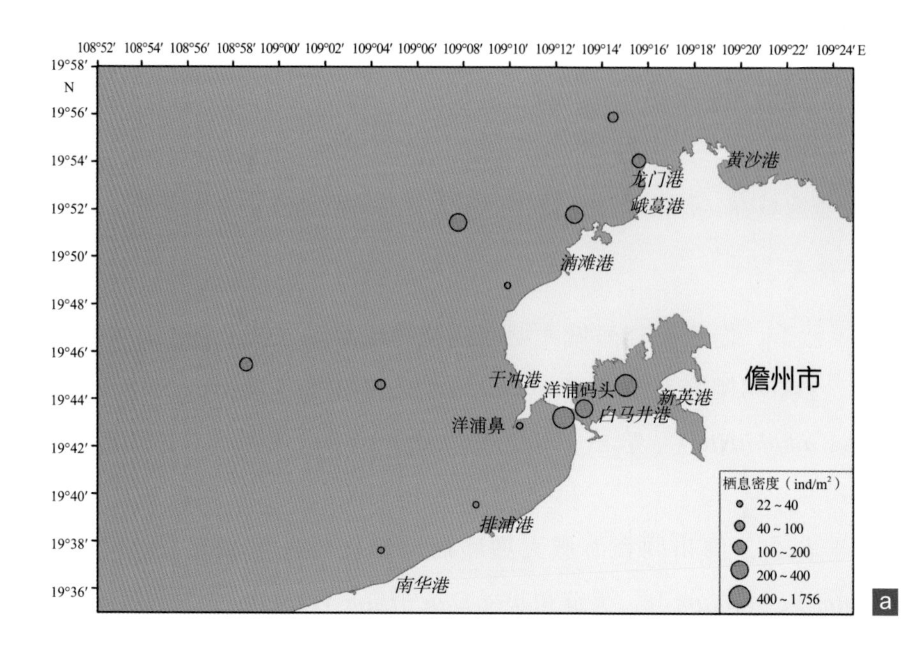

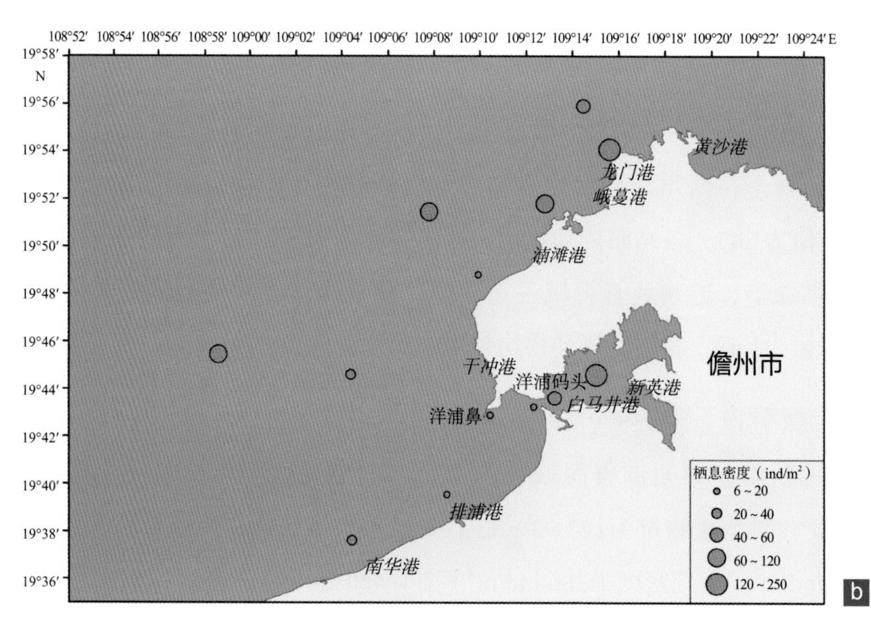

图4-4　海底大型底栖动物栖息密度

a.秋季；b.春季

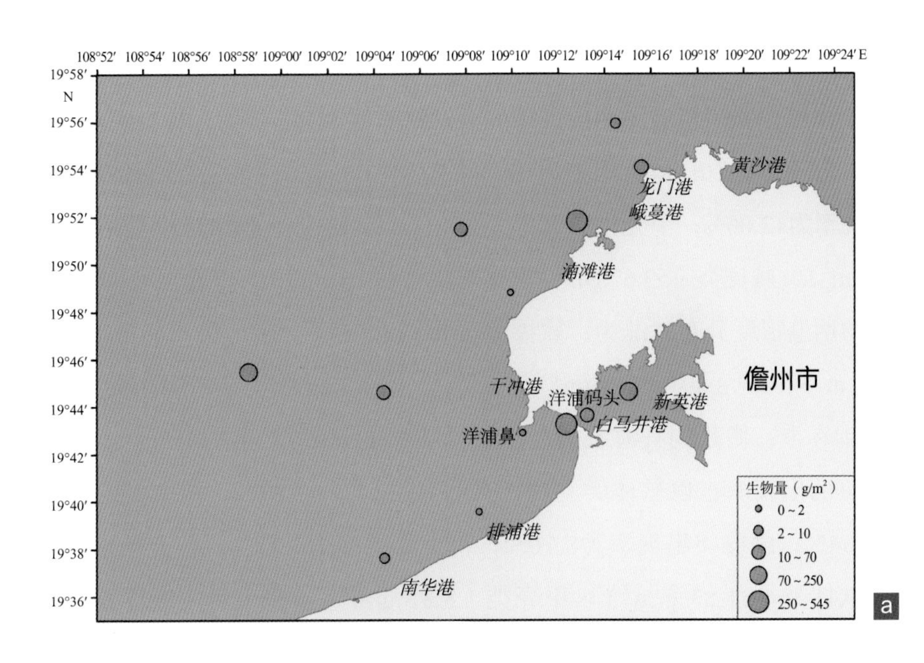

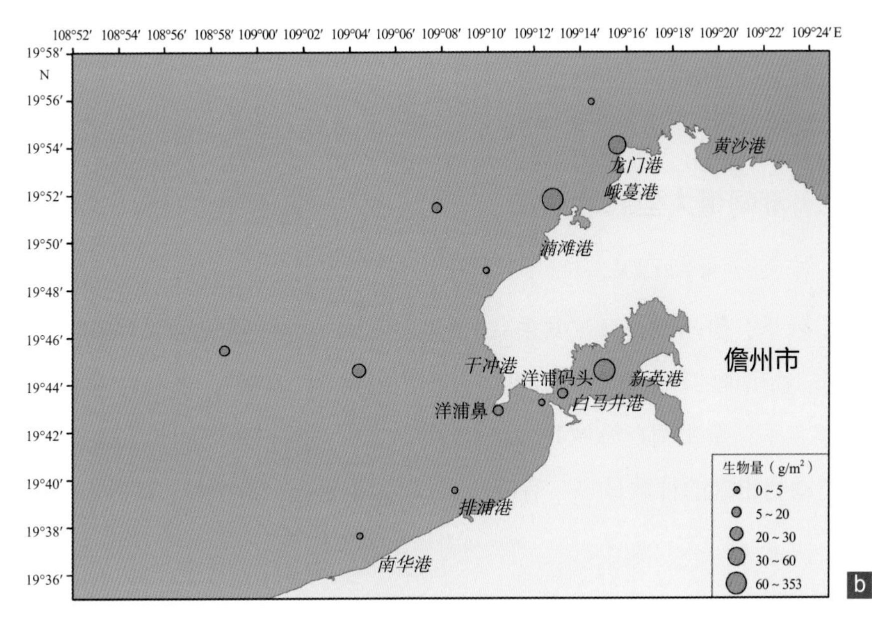

图4-5　海底大型底栖动物生物量

a.秋季；b.春季

（5）各类别生物量及栖息密度

2014年秋季，儋州调查海域的大型底栖动物主要由4类生物组成。不同生物类别在调查站位的出现率，以软体类动物出现率最高，为68.00%；多毛类出现率为16.00%；棘皮类出现率为12.00%；甲壳类出现率为4.00%。各类别生物量的分布状况为：软体类（135.31 g/m^2）> 棘皮类（52.67 g/m^2）> 多毛类（18.16 g/m^2）> 甲壳类（1.11 g/m^2）。各类别生物的栖息密度分布状况为：软体类（462 ind/m^2）> 多毛类（66 ind/m^2）> 棘皮类（44 ind/m^2）> 甲壳类（22 ind/m^2）。

2015年春季，儋州调查海域的大型底栖动物主要由5类生物组成。不同生物类别在调查站位的出现率，以软体类动物出现率最高，为60.87%；甲壳类与多毛类出现率均为13.04%；棘皮类出现率为8.70%；鱼类出现率为4.35%。各类别生物量的分布状况为：软体类（51.83 g/m^2）> 甲壳类（8.32 g/m^2）> 多毛类（7.75 g/m^2）> 鱼类（2.56 g/m^2）> 棘皮类（1.05 g/m^2）。各类别生物的栖息密度分布状况为：软体类（60 ind/m^2）> 多毛类（26 ind/m^2）> 棘皮类（11 ind/m^2）> 甲壳类（9 ind/m^2）> 鱼类（6 ind/m^2）。

4.3.2 潮间带大型底栖动物

（1）种类分布与组成

2014年秋季，儋州调查海域共采获5个生物类别中的17种潮间带大型底栖动物。其中，软体类动物出现的种数最多，有9种；其次为甲壳类，有6种；多毛类1种；鱼类1种。

2015年春季，儋州调查海域共采获3个生物类别中的12种潮间带大型底栖动物。其中，软体类动物出现的种数最多，有6种；其次为甲壳类，有5种；多毛类1种。

（2）优势种

2014年秋季，儋州调查海域潮间带大型底栖动物优势种为长竹蛏（*Solen gouldi*）、斧文蛤（*Meretrix lamarckii*）、楔形斧蛤（*Donax Cumcatus*）、沙蚕（*Nereis succinea*）、

斧文蛤（*Meretrix lamarckii*）、短指和尚蟹（*Mictyris brevidactylus*）。

2015年春季，儋州调查海域潮间带大型底栖动物优势种为宽额大额蟹（*Metopograpsus frontalis*）、光滑花瓣蟹（*Liomera laevis*）、奥莱彩螺（*Clithon oualaniensis*）、加夫蛤（*Gafrarium tumidum*）。

（3）多样性指数和均匀度

2014年秋季，儋州调查海域各站大型底栖动物多样性指数的变化范围为0.92～2.33，平均值为1.23。

2015年春季，儋州调查海域各站大型底栖动物多样性指数的变化范围为0.92～1.66，平均值为1.23。

（4）各站位栖息密度与生物量

2014年秋季，儋州调查海域潮间带大型底栖动物栖息密度的变化范围为32～352.4 ind/m^2，平均密度为151.05 ind/m^2；各站位潮间带大型底栖动物生物量的变化范围为54.08～1 420 g/m^2，平均生物量为310.75 g/m^2（图4-6和图4-7）。

2015年春季，儋州调查海域潮间带大型底栖动物栖息密度的变化范围为81.3～464 ind/m^2，平均密度为213.54 ind/m^2；各站位潮间带大型底栖动物生物量的变化范围为73.1～529.1 g/m^2，平均生物量为242.34 g/m^2（图4-6和图4-7）。

4.3.3 白蝶贝资源

儋州海域白蝶贝自然保护区位于儋州南华至兵马角灯对开25 m等深线以内水域，地理坐标范围为19°37′—19°53′N，109°07′—109°15′E；以及儋州海头灯桩至观音灯桩对开25 m等深线以内水域，地理坐标范围为19°31′—19°34′N，108°56′—109°00′E。

2009年在洋浦海域，捕捞到的白蝶贝的形态大小差异较大，其资源结构相对合理；美夏海域捕捞到的白蝶贝全是相对较小的、不足1龄的贝苗。根据样框调查统计，儋州区域白蝶贝资源现存量约为22.00～33.00 ind/m^2。

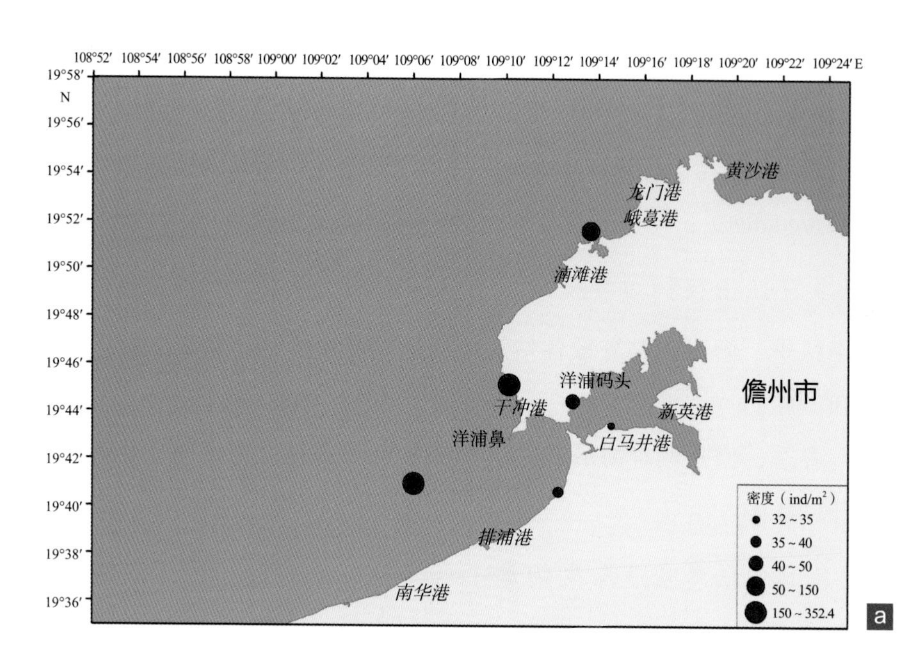

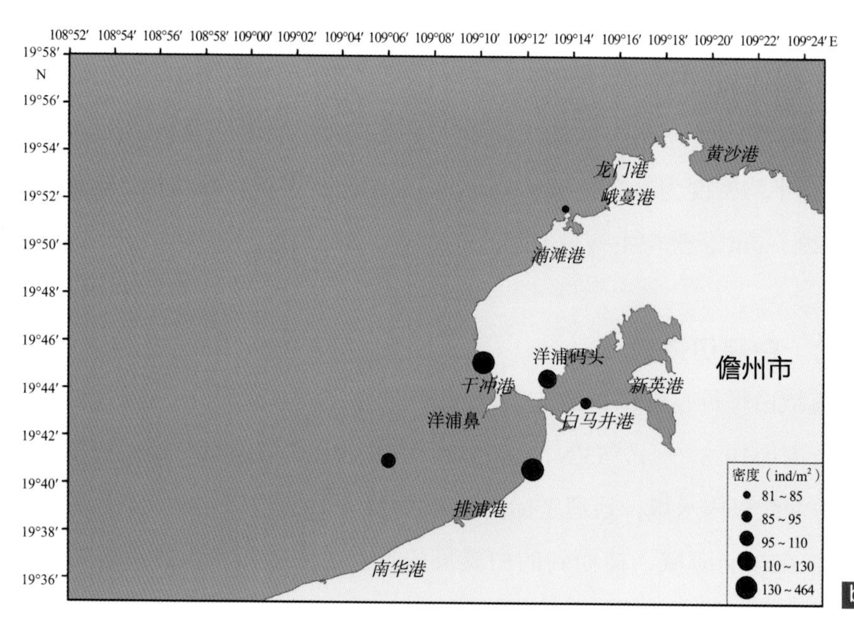

图4-6 潮间带大型底栖动物栖息密度

a.秋季；b.春季

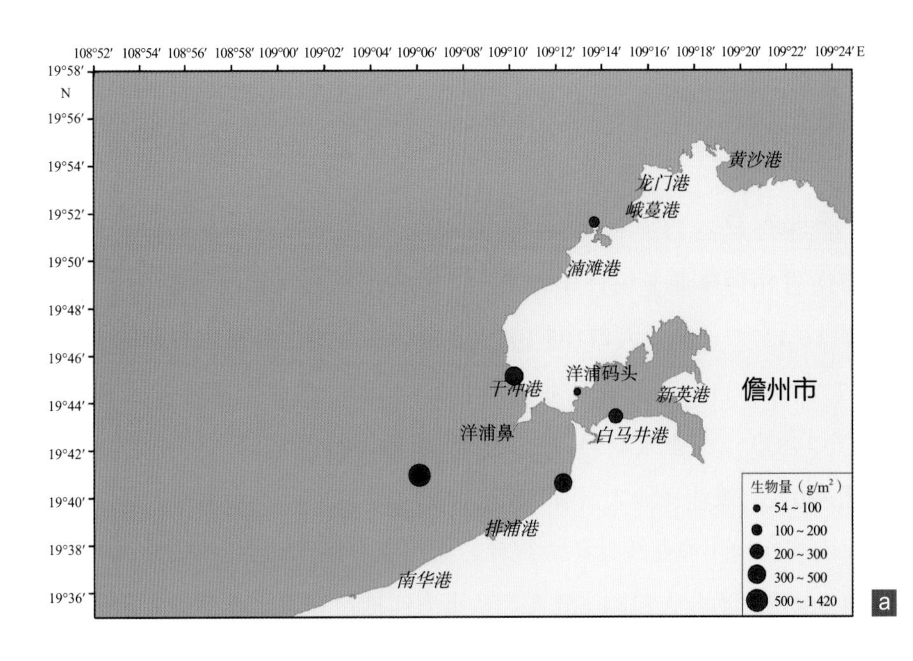

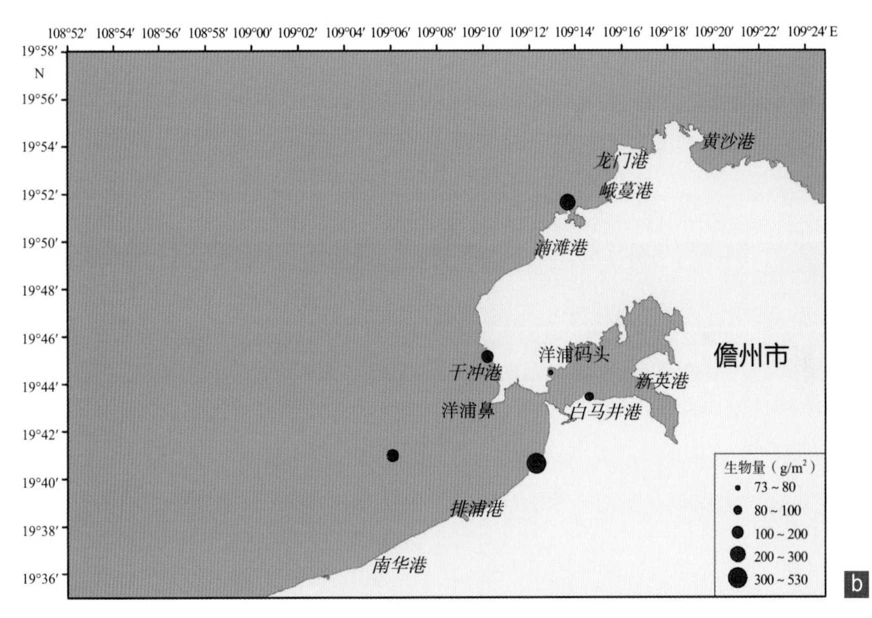

图4-7　潮间带大型底栖动物生物量

a.秋季；b.春季

4.4 渔业资源

4.4.1 渔业生产

（1）渔业人口、行政分布及船舶拥有量

根据海南省2013年渔业统计年表统计，儋州市有海洋渔业乡镇3个，海洋渔业村128个，渔户16 427户，渔业人口103 105人。从事海洋捕捞和海水养殖的专业劳动力分别有25 207人和5 031人，兼业从业人员有7 946人。洋浦经济开发区有海洋渔业乡镇1个，渔户248户，渔业人口11 231人。从事海洋捕捞和海水养殖的专业劳动力分别有6 365人和0人，兼业从业人员有150人（表4–1）。

根据海南省2014年渔业统计年表统计，儋州市有海洋渔业乡镇2个，海洋渔业村38个，渔户14 054户，渔业人口81 652人。从事海洋捕捞和海水养殖的专业劳动力分别有26 923人和4 875人，兼业从业人员有5 799人。洋浦经济开发区有海洋渔业乡镇3个，海洋渔业村26个，渔户2 470户，渔业人口6 277人。从事海洋捕捞和海水养殖的专业劳动力分别有5 492人和0人，兼业从业人员有2人（表4–1）。

表4–1　儋州市与洋浦海洋渔业人群分布

年份	市县	海洋渔业乡村（个）		海洋渔业人口		海洋渔业专业从业人员（人）		海洋渔业兼业从业人员（人）
		乡镇	村	户数	人口	海洋捕捞	海水养殖	
2013	儋州市	3	128	16 427	103 105	25 207	5 031	7 946
	洋浦	1	—	248	11 231	6 365	0	150
2014	儋州市	2	38	14 054	81 652	26 923	4 875	5 799
	洋浦	3	26	2 470	6 277	5 492	0	522

根据海南省2013年渔业统计年表统计，儋州市拥有海洋捕捞机动渔船4 039艘，总吨位69 379 t，总功率146 597 kW，无海水养殖机动渔船；洋浦经济开发区拥有海洋捕捞机动渔船1 934艘，总吨位28 614 t，总功率89 534 kW，无海水养殖机动渔船（表4–2）。

根据海南省2014年渔业统计年表统计，儋州市拥有海洋捕捞机动渔船4 363艘，总吨位77 458 t，总功率198 073 kW，无海水养殖机动渔船；洋浦经济开发区拥有海洋捕捞机动渔船1 909艘，总吨位39 656 t，总功率93 287 kW，无海水养殖机动渔船（表4–2）。

表4–2　儋州市与洋浦海洋生产渔船拥有量

年份	市县	机动渔船					
		海洋捕捞			海水养殖		
		数量（艘）	总吨位（t）	总功率（kW）	数量（艘）	总吨位（t）	总功率（kW）
2013	儋州市	4 039	69 379	146 597	0	0	0
	洋浦	1 934	28 614	89 534	0	0	0
2014	儋州市	4 363	77 458	198 073	0	0	0
	洋浦	1 909	39 656	93 287	0	0	0

（2）海洋捕捞概况

根据海南省2013年渔业统计年表统计，2013年儋州市与洋浦经济开发区海洋捕捞品种组成统计见表4–3，儋州市以鱼类比例为最高，其次是头足类，藻类比例最低；洋浦经济开发区以鱼类比例为最高，其次是头足类，无藻类。捕捞鱼类主要是石斑鱼（*Epinephelus* sp.）、沙丁鱼（*Clupea* sp.）、方头鱼（*Branchiostegus japonicus*）、鲷（*Priacanthus* sp.）、梭鱼（*Tetrapturus* sp.）、带鱼（*Trichiurus lepturus*）、金线鱼（*Nemipterus virgatus*）、鲳鱼（*Pampus* sp.）、大黄鱼（*Larimichthys crocea*）、海鳗（*Muraenesox cinereus*）和玉筋鱼（*Ammodytes* sp.）等。虾蟹类主要是毛虾（*Acetes* sp.）、对虾（*Penaeus* sp.）、梭子蟹（*Portunus* sp.）和青蟹（*Scylla* sp.）等。头足类主要品种有乌贼（*Sepiella* sp.）和鱿鱼（*Loligo chinensis*）。

根据海南省2014年渔业统计年表统计，2014年儋州市与洋浦经济开发区海洋捕捞品种组成统计见表4–3，儋州市以鱼类比例为最高，其次是头足类，藻类比例最低；洋浦经济开发区以鱼类比例为最高，其次是头足类，无藻类。捕捞鱼类主要是石斑鱼、沙丁鱼、方头鱼、鲷、梭鱼、带鱼、金线鱼、鲳鱼、大黄鱼、海鳗和玉筋鱼等。虾蟹类主要是毛虾、对虾、梭子蟹和青蟹等。头足类主要品种有乌贼和鱿鱼。

表4-3　儋州市与洋浦海洋捕捞品种组成　　单位：t

年份	市县	鱼类	虾类	蟹类	贝类	藻类	头足类	其他
2013	儋州市	251 796	12 231	12 416	11 949	3 838	23 569	9 236
	洋浦	28 038	762	338	108	0	840	27
2014	儋州市	245 611	11 521	11 517	11 551	3 892	25 021	9 365
	洋浦	26 468	490	718	796	0	1 983	0

（3）海水养殖业概况

根据海南省2013年渔业统计年表统计，2013年儋州市海水养殖面积为3 709 hm^2。其中以虾类养殖面积最大，其次是贝类、蟹类，鱼类及藻类养殖面积较小；洋浦经济开发区无海水养殖（表4–4）。

根据海南省2014年渔业统计年表统计，2014年儋州市海水养殖面积为3 871 hm^2。其中以虾类养殖面积最大，其次是贝类、蟹类，鱼类及藻类养殖面积较小；洋浦经济开发区无海水养殖（表4–4）。

表4-4　儋州市与洋浦海水养殖面积　　单位：hm^2

年份	市县	鱼类	虾类	蟹类	贝类	藻类	其他	合计
2013	儋州市	218	1 283	838	1 208	112	50	3 709
	洋浦	0	0	0	0	0	0	0
2014	儋州市	446	1 237	832	1 220	86	50	3 871
	洋浦	0	0	0	0	0	0	0

根据海南省2013年渔业统计年表统计，2013年儋州市海水养殖总产量为59 125 t，其中以虾类养殖产量为最高，其次是蟹类、贝类与鱼类，藻类养殖面积较小，比例较低（表4–5）。海水养殖品种主要有南美白对虾（*Penaeus vannamei*）、锯缘青蟹

（*Scylla serrata*）、东风螺（*Babylonia lutosa*）、红口螺（*Trochus maculatus*）及石斑鱼（*Epinephelus* sp.）等。

根据海南省2014年渔业统计年表统计，2014年儋州市海水养殖总产量为61 007 t，其中以虾类养殖产量为最高，其次是蟹类、贝类与鱼类，藻类与其他（浅水鸭等）养殖比例较低（表4–5）。海水养殖品种主要有南美白对虾、锯缘青蟹、东风螺、红口螺及石斑鱼等。

表4–5　儋州市与洋浦海水养殖产量

单位：t

年份	市县	鱼类	虾类	蟹类	贝类	藻类	其他	合计
2013	儋州市	5 686	24 188	14 999	13 790	367	95	59 125
	洋浦	0	0	0	0	0	0	0
2014	儋州市	5 781	24 528	16 432	13 633	540	93	61 007
	洋浦	0	0	0	0	0	0	0

4.4.2　游泳动物

（1）种类组成与分布

2014年秋季，在儋州白马井近岸海域共进行了13个站位的游泳动物调查（图4–8），总渔获量为434.28 kg，捕获种类经鉴定共有54种，渔获量为0.31～103.73 kg，各站位调查到的种类数差异较大，种类为2～29种。

2015年春季，在儋州白马井近岸海域共进行了13个站位的游泳动物调查（图4–8），总渔获量为228.04 kg，捕获种类经鉴定共有74种，渔获量为0.74～45.86 kg，各站位调查到的种类数差异较大，种类为10～49种。

2014年秋季调查发现共有游泳动物35科54种，其中鱼类为30科41种，占捕获种类的75.93%；甲壳类为3科11种，占捕获种类的20.37%；头足类为2科2种，占捕获种类的3.70%。

2015年春季调查发现共有游泳动物45科74种，其中鱼类为23科51种，占捕获种类的68.92%；甲壳类为9科20种，占捕获种类的27.03%；头足类为3科3种，占捕获种类的4.05%。

图4-8 底拖作业现场
a.秋季；b.春季

（2）丰度与生物量

2014年秋季，儋州调查海域游泳动物平均丰度较高的主要有8种，分别为短棘鲾（*Leiognathus equulus*）、凡滨纳对虾（*Litopenaeus vannamei*）、黄斑鲾（*Leiognathus bindus*）、鳓（*Ilisha elongata*）、鹿斑鲾（*Leiognathus ruconius*）、须赤虾（*Metapenaeopsis barbata*）、中国枪乌贼（*Loligo chinensis*）和竹荚鱼（*Trachurus japonicus*）；平均生物量较高的主要有8种，分别为带鱼（*Trichiurus lepturus*）、短棘鲾、凡滨纳对虾、海鳗（*Muraenesox cinereus*）、鳓、鹿斑鲾、中国枪乌贼和竹荚鱼。

2015年春季，儋州调查海域游泳动物平均丰度较高的主要有11种，分别为短棘鲾、二长棘鲷（*Parargyrops edita*）、黄斑鲾、蓝圆鲹（*Decapterus maruadsi*）、鲫、鹿斑鲾、日本关公蟹（*Dorippe japonica*）、四线天竺鲷（*Apogon quadrifasciatus*）、须赤虾、中国枪乌贼和鲻鱼（*Mugil cephalus*）；游泳动物平均生物量较高的主要有8种，分别为二长棘鲷、黄斑鲾、口虾蛄（*Oratosquilla oratoria*）、蓝圆鲹、须赤虾、中国枪乌贼、竹荚鱼和鲻鱼。

（3）多样性指数和均匀度

2014年秋季，儋州调查海域游泳动物的平均多样性指数为2.48，游泳动物的平均均匀度为0.19。

2015年春季，儋州调查海域游泳动物的平均多样性指数为3.36，游泳动物的平均均匀度为0.73。

（4）渔获率与资源密度

2014年秋季调查的各站位捕捞时间为0.57 ~ 1.23 h，捕获游泳动物生物量为0.31 ~ 103.73 kg，捕获游泳动物尾数为13.00 ~ 6 832.00尾。计算结果表明，各站位游泳动物生物量渔获率为0.43 ~ 98.79 kg/（网·h），平均生物量渔获率为35.54 kg/（网·h）；尾数渔获率为17.00 ~ 6 507.00尾/（网·h）（图4–9），平均尾数渔获率为1 750.00尾/（网·h）。各站位现存尾数资源密度为7 084.00 ~ 51 538 .00 尾/km^2，平均现存尾数资源密度为13 790.00 尾/km^2；各站位现存生物量资源密度为121.61 ~ 782.50 kg/km^2，平均现存生物量资源密度为280.12 kg/km^2。

2015年春季调查的各站位捕捞时间为0.27 ~ 1.24 h，捕获游泳动物生物量为0.74 ~ 45.86 kg，捕获游泳动物尾数为20.00 ~ 3 768.00 尾。计算结果表明，各站位游泳动物生物量渔获率为1.12 ~ 41.48 kg/（网·h），平均生物量渔获率为18.46 kg/（网·h）；尾数渔获率为30.00 ~ 3 555.00 尾/（网·h）（图4–9），平均尾数渔获率为1 149.00 尾/（网·h）。各站位现存尾数资源密度为866.00 ~ 3 555.00 尾/km^2，平均现存尾数资源密度为1 149.00 尾/km^2；各站位现存生物量资源密度为82.51 ~ 327.91 kg/km^2，平均现存生物量资源密度为121.36 kg/km^2。

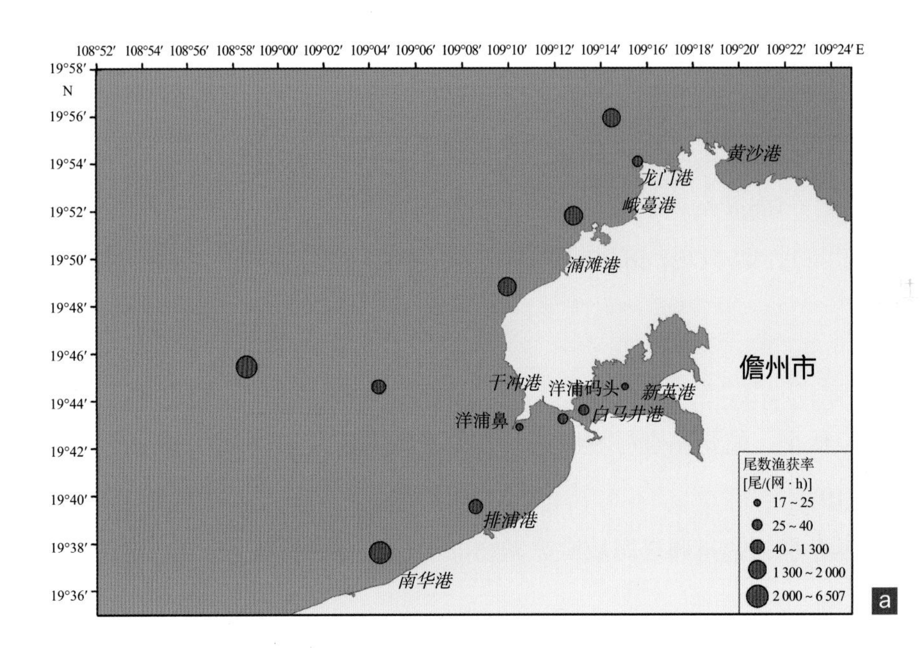

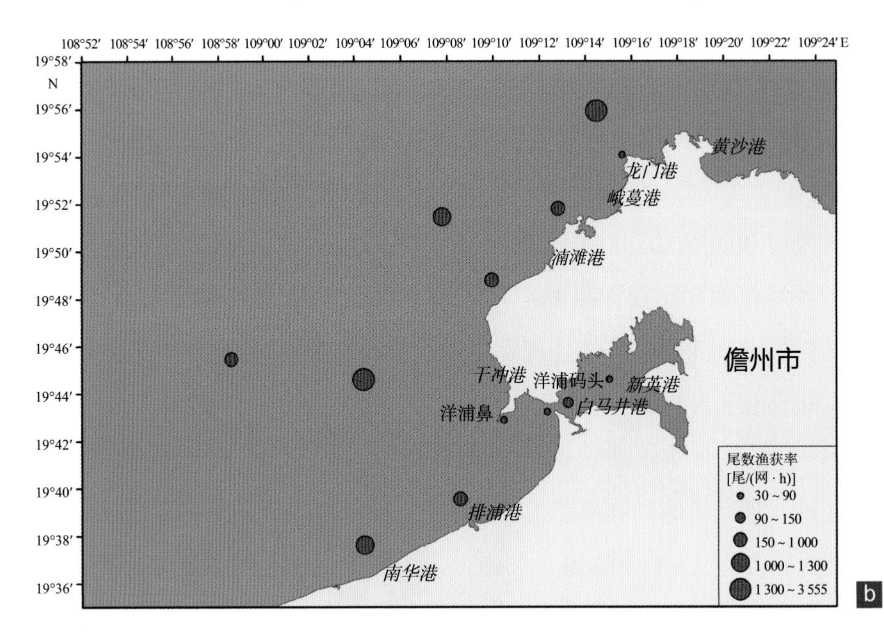

图4-9　游泳动物尾数渔获率

a.秋季；b.春季

4.4.3 鱼卵仔鱼

（1）种类组成

2014年秋季，儋州调查海域调查到鱼卵9科15种，其中，鳀科最多，有3种，鲻科、鲱科各有2种，其余种类均1种，此外，还有死卵1种，未鉴定1种；仔鱼共有9科12种，其中，鳀科、鲻科最多，均有2种，其余种类均1种，此外，还有一种未鉴定。

2015年春季，儋州调查海域鱼卵仔鱼调查到10科14种，其中，笛鲷科最多，有3种，占鱼卵仔鱼总种数的21.43%；鲹科有2种，占鱼卵仔鱼总种数的14.29%；狗母鱼科、鲱科 、鲷科、大眼鲷科、羊鱼科、鲭科、隆头鱼科与裸颊鲷科均1种，各占鱼卵仔鱼总种数的7.14%；此外，还有死卵1种，占鱼卵仔鱼总种数的7.14%。仔鱼主要有4种，分别为四线笛鲷（*Lutjanus kasmira*）、石斑鱼（*Epinephelus* sp.）、大眼鲷（*Priacanthus macracanthus*）与竹荚鱼（*Trachurus japonicus*）。

（2）丰度

2014年秋季调查到鱼卵丰度范围为1.67 ~ 1 733.33 ind/100 m^3，平均丰度为432.16 ind/100 m^3；调查到仔鱼丰度范围为0.00 ~ 33.33 ind/100 m^3，平均丰度为9.52 ind/100 m^3。

2015年春季调查到鱼卵丰度范围为48 ~ 345 ind/100 m^3，平均丰度为165 ind/100 m^3；调查到仔鱼丰度范围为0 ~ 28 ind/100 m^3，平均丰度为6 ind/100 m^3。

（3）优势种

2014年秋季调查到鱼卵优势种类有多鳞鱚（*Sillago sihama*），优势度为0.06；死卵（Bad egg），优势度为0.22；䲗（*Callionymus* sp.），优势度为0.02；鲻科一种（Mugilidae gen. et sp. indet. ），优势度为0.13。仔鱼优势种类有多鳞鱚，优势度为0.03；美肩鳃鳚（*Omobranchus elegans*），优势度为0.15；小沙丁鱼（*Sarinella* sp.），优势度为0.05；鲻科一种，优势度为0.07。

2015年春季调查到鱼卵优势种类有长鳍鲹（*Carangoides oblongus*），优势度为0.02；大眼鲷，优势度为0.10；鲷科一种（Sparidae gen. et sp. indet.），优势度为0.03；鲱科一种（Clupeidae gen. et sp. indet.），优势度为0.06；死卵（Bad egg），优势度为

0.03；四线笛鲷，优势度为0.02；条尾绯鲤（*Upeneus bensasi*），优势度为0.04；竹荚鱼（*Trachurus japonicus*），优势度为0.16。

（4）生物多样性指数和均匀度

2014年秋季调查期间该水域鱼卵多样性指数范围为0.00～1.95，平均为1.02；均匀度指数范围为0.10～0.97，平均为0.57。该水域仔鱼多样性指数范围为0.00～1.96，平均为0.65；均匀度指数范围为0.44～1.00，平均为0.82。

2015年春季调查期间该水域鱼卵多样性指数范围为0.84～2.58，平均为1.73；均匀度指数范围为0.42～0.97，平均为0.80。该水域仔鱼多样性指数范围为0.00～1.36，平均为0.45；均匀度指数范围为0.36～0.97，平均为0.53。

4.5 红树林资源

4.5.1 红树植物分布

2014年秋季，在海南儋州白马井福村附近调查到5种红树植物，其中真红树4种，分别是红海榄（*Rhizophora stylosa*）、白骨壤（*Aricennia marina*）、桐花树（*Aegiceras corniculatum*）及卤蕨（*Acrostichum aureum*）；半红树1种，为黄槿（*Hibiscus tiliaceus*）。

2015年春季，对海南儋州白马井附近红树林作进一步调查，调查到红树植物13种，其中真红树8种，分别是桐花树、白骨壤、红海榄、榄李（*Lumnitzera racemosa*）、木榄（*Bruguiera gymnorrhiza*）、角果木（*Ceriops tagal*）、秋茄（*Kandelia candel*）、正红树（*Rhizophora apiculata*）；半红树2种，为许树（*Clerodendrum inerme*）、黄槿；红树林伴生种类3种，为木麻黄（*Casuarina equisetifolia*）、厚藤（*Ipomoea pes-caprae*）、海马齿（*Sesuvium portulacastrum*）。优势种为桐花树、白骨壤、红海榄、木榄、秋茄、海马齿。

该区域主要红树林群落为红海榄群落和白骨壤群落。红海榄群落位于滩涂靠海缘一侧，外貌为深绿色，结构简单。郁闭度在85.00%以上，纯林，偶有白骨壤混生，树高2.00～7.00 m，平均树高3.33 m，平均基径6.85 cm，密度为29.00丛/100 m^2，支柱根明显，且多分枝。位于白马井福村附近的白骨壤群落，外貌为灰绿色，结构简单。郁闭度在83.00%以上，纯林，林下幼苗较多（约300.00 棵/100 m^2），树高0.60～1.50 m，平均树高0.88 m，平均基径4.50 cm，密度为22.00 株/100 m^2。

对海南儋州白马井红树植物的平均盖度的统计结果显示，海南儋州白马井红树植物的平均盖度范围为2.81% ~ 79.90%，其中，平均盖度最低的种类为木麻黄，平均盖度2.81%，平均盖度最高的为秋茄，平均盖度79.90%。对海南儋州红树植物的平均密度的统计结果显示，红树植物的平均密度范围为0.17 ~ 18.32 棵/m^2，平均密度最高的为桐花树，达18.32 棵/m^2，平均密度最低的为木麻黄等，仅0.17 棵/m^2。

4.5.2 红树林鸟类

2014年秋季，儋州白马井福村红树林附近鸟类调查共记录到鸟类5科9属10种，其中种类较多的科为鸻科和鹬科，分别有3种，其次为鹭科，有2种。按照生态类群划分，其中涉禽种类最多，为8种；鸣禽类，有2种。其中，水鸟（包括涉禽和游禽）8种，占鸟类总种数的80%，由鹭科、鹬科和鸻科鸟类组成，分别有2种、3种和3种；非水鸟有2种，占鸟类总种数的20%，包括鹡鸰科、鹎科鸟类，各有1种。2014年秋季，共调查到77只鸟类。总数量为10 ~ 49只的鸟类只有白鹭（*Egretta garzetta*）和蒙古沙鸻（*Charadrius mongolus*），其他鸟类总数量均在10只以下。由对红树林鸟类优势度的计算结果可知，2014年秋季，海南儋州红树林鸟类优势种为白鹭、金斑鸻（*Pluvialis dominica*）和蒙古沙鸻。

2015年春季，白马井区域鸟类调查共记录到鸟类12科15属15种，其中种类较多的科为鹭科，有3种，其次为翠鸟科，有2种。2015年春季通过3个白天（24 h）对白马井红树林鸟类的观察，统计得到白马井红树林区域鸟类栖息密度范围为0.08 ~ 2.93 只/h，平均为0.73只/h，其中栖息密度最高的种类为家燕（*Hirundo rustica*），栖息密度为2.93只/h，栖息密度最低的为斑鱼狗（*Ceryle rudis*），栖息密度为0.08只/h。根据对红树林鸟类优势度的计算结果，2015年春季海南儋州白马井红树林鸟类优势种为白鹭、绿鹭（*Butorides striatus*）、珠颈斑鸠（*Streptopelia chinensis*）、白头鹎（*Pycnonotus sinensis*）、池鹭（*Ardeola bacchus*）、家燕、暗绿绣眼鸟（*Zosterops japonicus*）。

4.5.3 红树林浮游植物

2014年秋季，儋州白马井附近红树林区共鉴定到浮游植物4门31属63种（包括变种及变型）。其中，硅藻24属55种，约占种类数的87.30%；甲藻5属6种，约占种类数的9.52%；蓝藻和绿藻均1种，各占种类数的1.59%。儋州白马井附近红树林区各站位浮游植物细胞丰度介于$45.80 \times 10^4 \sim 949.33 \times 10^4$ cells/m^3，平均细胞丰度为257.17×10^4 cells/m^3。浮游植物的优势种类明显，主要为细小平裂藻（*Merismopedia minima*）、宽梯形藻（*Climacodium frauenfeldianum*）、星脐圆筛藻（*Coscinodiscus asteromphalus*）、钟状中鼓藻等，其中以细小平裂藻占主导优势，其平均细胞丰度为168.91×10^4 cells/m^3，占细胞总量的65.68%，优势度为0.219。儋州白马井附近红树林区各站位浮游植物多样性指数范围为0.53 ~ 4.09，平均值为2.61，均匀度范围为0.15 ~ 0.85，平均值为0.58。

2015年春季，儋州白马井附近红树林区鉴定到的浮游植物种类较少，共计2门12属20种（包括变种及变型）。其中，硅藻9属17种，约占种类数的85%；甲藻3属3种，约占种类数的15%。儋州白马井附近红树林区浮游植物细胞丰度较高，且各站位细胞丰度差异不大，介于$176.30 \times 10^4 \sim 459.50 \times 10^4$ cells/m^3，平均细胞丰度为288.27×10^4 cells/m^3。浮游植物的优势种类十分明显，为蛇目圆筛藻（*Coscinodiscus argus*），其平均细胞丰度为268.17×10^4 cells/m^3，高达细胞总量的93.03%，优势度为0.930。2015年春季，儋州白马井附近红树林区浮游植物种类较少，且各站位均以蛇目圆筛藻为主，浮游植物种类单一，种间分布失衡，多样性指数和均匀度极低：各站位浮游植物多样性指数范围为0.14 ~ 0.72，平均值为0.40，均匀度范围为0.07 ~ 0.28，平均值为0.14。

综合两个航次的调查结果可知，儋州白马井附近红树林区浮游植物以硅藻为主，秋季种类多于春季。春、秋两季，浮游植物细胞丰度相差不大，春季略高于秋季。浮游植物的优势种类明显，春、秋两季有所不同。春季，优势种类主要为蛇目圆筛藻，在群落中占绝对优势；秋季，优势种类主要有细小平裂藻、宽梯形藻、星脐圆筛藻、钟状中鼓藻等，其中以细小平裂藻占主要优势。

4.5.4　红树林浮游动物

2014年秋季，儋州白马井附近红树林区域共鉴定到浮游动物标本10类23属31种，不包括浮游幼体及鱼卵与仔鱼。其中，桡足类最多，有11属16种，占浮游动物总种数的51.61%；十足类有1属3种，占浮游动物总种数的9.68%；端足类、多毛类、磷虾类有2属2种，毛颚类有1属2种，各占浮游动物总种数的6.45%；管水母类、水螅水母类、翼足类、枝角类均有1属1种，各占浮游动物总种数的3.23%。另有5个类别浮游幼体和若干鱼卵与仔鱼。各站位浮游动物丰度介于24.00 ~ 215.00 ind/m^3，平均丰度为94.83 ind/m^3；各站位浮游动物生物量介于15.25 ~ 132.00 mg/m^3，平均生物量为64.71 mg/m^3。优势种类有微刺哲水蚤（*Canthocalanus pauper*）、中华哲水蚤（*Calanus sinicus*）、中型莹虾（*Lucifer intermedius*）、短尾类幼体（Brachyura larva）、瘦尾胸刺水蚤（*Centropages tenuiremis*）、锥形宽水蚤（*Temora turbinata*），以微刺哲水蚤为主，优势度为0.14，平均丰度为19.89 ind/m^3。儋州白马井附近红树林区域各站位浮游动物多样性指数介于2.52 ~ 3.29，平均多样性指数为3.03；各站位浮游动物均匀度介于0.73 ~ 0.94，平均均匀度为0.86。

2015年春季，儋州白马井附近红树林区域共鉴定到浮游动物标本5类12属14种，不包括浮游幼体及鱼卵与仔鱼。其中，桡足类最多，有8属9种，占浮游动物总种数的64.29%；十足类有1属2种，占浮游动物总种数的14.29%；被囊类、磷虾类和毛颚类均有1属1种，各占浮游动物总种数的7.14%。另有4个类别浮游幼体和若干鱼卵与仔鱼。各站位浮游动物丰度介于48.33 ~ 76.67 ind/m^3，平均丰度为61.67 ind/m^3；各站位浮游动物生物量介于10.83 ~ 52.50mg/m^3，平均生物量为21.25 mg/m^3。优势种类有微刺哲水蚤、针刺拟哲水蚤（*Paracalanus aculeatus*）、中华哲水蚤、短尾类幼体、中型莹虾、正型莹虾（*Lucifer typus*）、尖额磷虾（*Euphausia diomedeaea*）、肥胖箭虫（*Sagitta enflata*），以微刺哲水蚤为主，优势度为0.171，平均丰度为10.56 ind/m^3。儋州红树林区域各站位浮游动物多样性指数介于2.64 ~ 3.25，平均多样性指数为2.89；各站位浮游动物均匀度介于0.79 ~ 0.96，平均均匀度为0.90。

4.5.5 红树林大型底栖动物

2014年秋季调查结果表明，共采获3个生物类别中的27种大型底栖动物。其中，软体类动物出现的种类最多，有22种；其次为甲壳类，有4种；多毛类，有1种。海南儋州白马井红树林区域各站位大型底栖动物生物量的变化范围为29.56 ~ 499.78 g/m^2，平均生物量为230.04 g/m^2；各站位大型底栖动物栖息密度的变化范围为89.00 ~ 467.00 ind/m^2，平均密度为259.00 ind/m^2。不同生物类别在调查站位的出现率以软体类动物最高，为81.48%；甲壳类动物出现率为14.81%；多毛类动物出现率为3.70%。不同类别生物量的分布状况为：软体类（210.67 g/m²）> 甲壳类（37.70 g/m²）> 多毛类（3.11 g/m²）。不同类别生物的栖息密度分布状况为：软体类（237.00 ind/m²）> 甲壳类（37.00 ind/m²）> 多毛类（22.00 ind/m²）。采获的27种大型底栖动物中有5种为优势种，分别是鳞杓拿蛤（*Anomalocardia squamosa*）、纹藤壶（*Balanua amphitrite*）、异白樱蛤（*Macoma incongrua*）、珠带拟蟹守螺（*Cerithidea cingulata*）和纵带滩栖螺（*Batillaris zonalis*）。各站大型底栖动物多样性指数的变化范围为0.71～2.75，平均值为1.96。各站大型底栖动物均匀度的变化范围为0.33～0.50，平均值为0.39。

2015年春季，共采获2个生物类别中的9种大型底栖动物。其中，软体类动物出现的种数最多，有6种；甲壳类有3种。白马井红树林区域各站位大型底栖动物生物量的变化范围为2.44～125.94 g/m²，平均生物量为84.72 g/m²。各站位大型底栖动物栖息密度的变化范围为13.00～150 .00 ind/m²，平均密度为54.00 ind/m²。不同生物类别在调查站位的出现率以软体类动物最高，为66.67%；甲壳类动物出现率为33.33%。不同类别生物量的分布状况为：软体类（55.52 g/m²）> 甲壳类（46.15 g/m²）。不同类别生物的栖息密度分布状况为：软体类（51.00 ind/m²）> 甲壳类（14.00 ind/m²）。采获的9种大型底栖动物中有5种为优势种，分别是节蝾螺（*Turbo articulatus*）、鳞杓拿蛤、明显相手蟹（*Sesarma tangirathbun*）、纹藤壶和纵带滩栖螺。各站大型底栖动物多样性指数的变化范围为0.00～1.79，平均值为0.99。各站大型底栖动物均匀度的变化范围为0.52～0.95，平均值为0.77。

4.6 珊瑚礁资源

4.6.1 珊瑚种类与分布

2014年秋季，儋州调查海域共调查到造礁石珊瑚9科15属26种，主要优势种为二异角孔珊瑚（*Goniopora duofasciata*）、交替扁脑珊瑚（*Platygyra crosslandi*）、澄黄滨珊瑚（*Porites lutea*）、秘密角蜂巢珊瑚（*Favites abdita*），常见珊瑚种类有精巧扁脑珊瑚（*Platygyra daedalea*）、标准蜂巢珊瑚（*Favia speciosa*）、网状菊花珊瑚（*Goniastrea retiformis*）等；软珊瑚种类较少，仅调查到短指软珊瑚（*Sinularis* sp.）和肉芝软珊瑚（*Saycophyton* sp.）。

2015年春季，儋州调查海域共调查到造礁石珊瑚9科14属25种，主要优势种为二异角孔珊瑚、交替扁脑珊瑚、澄黄滨珊瑚、秘密角蜂巢珊瑚，常见珊瑚种类有精巧扁脑珊瑚、标准蜂巢珊瑚、网状菊花珊瑚等；软珊瑚种类较少，仅调查到短指软珊瑚和肉芝软珊瑚。

儋州调查海域的珊瑚主要分布在水深2～5 m区域，如图4–10所示，大铲礁区域的珊瑚分布相对较多，可以看到成片的二异角孔珊瑚。其他区域的珊瑚多为零星分布，且分布范围比较窄，沿岸呈带状分布。此外，近洋浦工业区海域亦有较多的块状珊瑚分布。

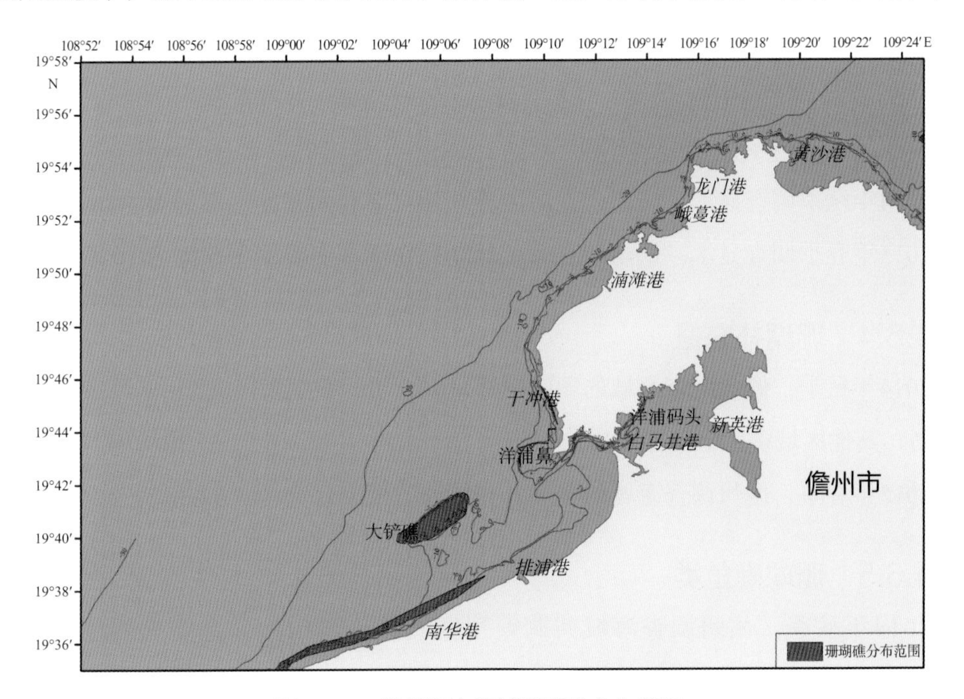

图4–10　儋州调查海域珊瑚礁分布范围

4.6.2　珊瑚覆盖率

2014年秋季，儋州调查海域的珊瑚覆盖率为10.6%，基本都为造礁石珊瑚，礁石比例为66.2%，砂土为23.2%（表4–6）。大铲礁局部区域珊瑚覆盖率在20%左右，其他区域的珊瑚覆盖率相对较低。

2015年春季，儋州调查海域的珊瑚覆盖率为3.0%，基本都为造礁石珊瑚，礁石比例为65.6%，砂土为31.4%（表4–6）。

表4-6 儋州调查海域底质分布情况

年份	珊瑚覆盖率（%）	藻类覆盖率（%）	补充量（ind/m²）	礁石（%）	砂（%）
2014	10.6	1.5	0.14	66.2	23.2
2015	3.0	0.0	0.15	65.6	31.4

2014年儋州调查海域的珊瑚覆盖率为10.6%，而2015年仅为3.0%，主要是因为大铲礁海域的珊瑚覆盖率降低非常严重，大片的二异角孔珊瑚消失不见，取而代之的是大量的珊瑚碎屑和礁石。走访渔民得知，附近的海洋工程导致该区域的珊瑚被大量破坏。

4.6.3 珊瑚死亡率及病害

2014年秋季调查显示，儋州调查海域珊瑚死亡率和病害发生率都为0.00%。

2015年春季调查显示，儋州调查海域珊瑚死亡率和病害发生率都为0.00%。

4.6.4 珊瑚补充量

2014年秋季，儋州调查海域的珊瑚补充量非常低，仅为0.14 ind/m²，大铲礁海域相对较高，其他区域多为0～0.1 ind/m²。

2015年春季，儋州调查海域的珊瑚补充量非常低，仅为0.15 ind/m²。

4.6.5 珊瑚礁鱼类

2014年秋季，儋州调查海域共调查到珊瑚礁鱼类14种，主要为两色光鳃雀鲷（*Chromis margaritifer*）、三线矶鲈（*Parapristipoma trilineatum*）、黑高身雀鲷（*Stegastes nigricans*）、褐斑蓝子鱼（*Siganus fuscescens*）等。该区域的鱼类密度为48.80 ind/100 m²，鱼类体长偏小，仅为5.01 cm（表4-7），多为小型珊瑚礁鱼类，有经济价值的较少。

2015年春季，儋州调查海域共调查到珊瑚礁鱼类12种，主要为褐斑蓝子鱼、两色光鳃雀鲷、黑高身雀鲷等。该区域的鱼类密度为13.90 ind/100 m²，鱼类体长也偏小，仅为6.00 cm（表4-7），多为小型珊瑚礁鱼类，经济鱼类较少，偶见点带石斑鱼（*Epinephelus coioiaes*）。

表4-7　儋州调查海域珊瑚礁鱼类分布情况

年份	鱼类种类	鱼类密度（ind/100 ㎡）	鱼类体长（cm）
2014	14	48.80	5.01
2015	12	13.90	6.00

4.6.6　大型藻类及大型底栖动物

2014年秋季，儋州调查海域珊瑚礁区域的大型藻类覆盖率为1.5%，主要种类为马尾藻（*Sargassum* sp.）、囊藻（*Scytosiphon sinuosa*）、耳壳藻（*Peyssonnelia squamaria*）等；大型底栖动物也较少，仅在大铲礁海域可以看到群体海葵（*Actiniaria* sp.）、海参（*Oplopanax* sp.）、马蹄螺（*Trochus maculatus*）、管虫（*Sabellastarte magnifica*）等大型底栖动物。

2015年春季，儋州调查海域珊瑚礁区域的大型藻类覆盖率为0.0%；大型底栖动物也较少，仅在大铲礁海域可以看到海胆（Echinoidea）、海参、马蹄螺、管虫等大型底栖动物，数量较少。此外，该海域的大型水母较多。

第5章 昌江海域生态环境与生物资源

5.1 海洋环境

5.1.1 水体环境

（1）水温

2014年秋季，昌江调查海域水温变化范围为26.30 ~ 29.10℃，平均值为27.80℃。表层水温变化范围为26.90 ~ 29.10℃，平均值为28.10℃；中层水温变化范围为27.20 ~ 28.70℃，平均值为28.00℃；底层水温变化范围为26.3 ~ 28.10℃，平均值为27.40℃。

2015年春季，昌江调查海域水温变化范围为26.50 ~ 32.00℃，平均值为30.20℃。表层水温变化范围为28.50 ~ 32.00℃，平均值为30.20℃；中层水温变化范围为26.90 ~ 27.50℃，平均值为27.10℃；底层水温变化范围为26.50 ~ 27.90℃，平均值为27.30℃。

（2）盐度

2014年秋季，昌江调查海域海水盐度变化范围为21.659 ~ 33.744，平均值为33.248。表层海水盐度变化范围为21.659 ~ 33.744，平均值为32.848；中层海水盐度变化范围为33.185 ~ 33.743，平均值为33.615；底层海水盐度变化范围为33.046 ~ 33.737，平均值为33.510。

2015年春季，昌江调查海域海水盐度变化范围为33.129 ~ 33.667，平均值为33.484。表层海水盐度变化范围为33.129 ~ 33.665，平均值为33.438；中层海水盐度变化范围为33.340 ~ 33.624，平均值为33.472；底层海水盐度变化范围为33.384 ~ 33.667，平均值为33.540。

（3）pH值

2014年秋季，昌江调查海域海水pH值变化范围为8.02 ~ 8.22，平均值为8.12。表层海水pH值变化范围为8.02 ~ 8.15，平均值为8.11；中层海水pH值变化范围为8.11 ~ 8.22，平均值为8.13；底层海水pH值变化范围为8.10 ~ 8.16，平均值为8.13。

2015年春季，昌江调查海域海水pH值变化范围为8.03 ~ 8.12，平均值为8.09。表层海水pH值变化范围为8.03 ~ 8.12，平均值为8.09；中层海水pH值变化范围为

8.07 ~ 8.10，平均值为8.09；底层海水pH值变化范围为8.05 ~ 8.12，平均值为8.09。

（4）溶解氧（DO）

2014年秋季，昌江调查海域表层溶解氧含量变化范围为6.10 ~ 6.78 mg/L，平均值为6.37 mg/L；中层溶解氧含量变化范围为6.21 ~ 6.46 mg/L，平均值为6.34 mg/L；底层溶解氧含量变化范围为6.07 ~ 6.79 mg/L，平均值为6.42 mg/L。

2015年春季，昌江调查海域表层溶解氧含量变化范围为6.97 ~ 8.12 mg/L，平均值为7.50 mg/L；中层溶解氧含量变化范围为7.16 ~ 7.76 mg/L，平均值为7.49 mg/L；底层溶解氧含量变化范围为6.87 ~ 7.92 mg/L，平均值为7.42 mg/L。

（5）化学需氧量（COD）

2014年秋季，昌江调查海域海水COD变化范围为0.37 ~ 2.01 mg/L，平均值为0.85 mg/L。表层平均值为0.94 mg/L，中层平均值为0.82 mg/L，底层平均值为0.77 mg/L，表层的COD含量较中层和底层的稍高。

2015年春季，昌江调查海域海水COD变化范围为0.30 ~ 1.31 mg/L，平均值为0.51 mg/L。表层平均值为0.55 mg/L，中层平均值为0.50 mg/L，底层平均值为0.48 mg/L，表层的COD含量较中层和底层的稍高。

春、秋两季，珠碧江入海口的附近海域表层海水COD均出现高值，受陆源输入影响明显。

（6）悬浮物（SS）

2014年秋季，昌江调查海域表层海水悬浮物含量变化范围为11.9 ~ 23.4 mg/L，平均值为17.7 mg/L；中层海水悬浮物含量变化范围为13.8 ~ 19.2 mg/L，平均值为16.9 mg/L；底层海水悬浮物含量变化范围为13.1 ~ 22.9 mg/L，平均值为17.8 mg/L。

2015年春季，昌江调查海域表层海水悬浮物含量变化范围为2.8 ~ 20.8 mg/L，平均值为5.88 mg/L；中层海水悬浮物含量变化范围为4.2 ~ 7.8 mg/L，平均值为5.38 mg/L；底层海水悬浮物含量变化范围为2.8 ~ 10.6 mg/L，平均值为5.67 mg/L。

（7）石油类

2014年秋季，昌江调查海域表层海水石油类含量变化范围为0.007 ~ 0.058 mg/L，平均值为0.020 mg/L；2015年春季，表层海水石油类含量变化范围为0.008 ~ 0.060 mg/L，平均值为0.022 mg/L。春、秋两季变化不大。

（8）无机氮（IN）

2014年秋季，昌江调查海域海水无机氮含量变化范围为0.012 ~ 0.396 mg/L，平均值为0.033 mg/L。表层含量变化范围为0.012 ~ 0.396 mg/L，平均值为0.044 mg/L；中层含量变化范围为0.016 ~ 0.032 mg/L，平均值0.022 mg/L；底层含量变化范围为0.013 ~ 0.068 mg/L，平均值为0.027 mg/L。海水中溶解态无机氮的形态构成主要以NO_3–N为主，其次为NH_4–N和NO_2–N。

2015年春季，昌江调查海域海水无机氮含量变化范围为0.011 ~ 0.174 mg/L，平均值为0.082 mg/L。表层含量变化范围为0.011 ~ 0.174 mg/L，平均值为0.079 mg/L；中层含量变化范围为0.041 ~ 0.149 mg/L，平均值为0.090 mg/L；底层含量变化范围为0.035 ~ 0.135 mg/L，平均值为0.080 mg/L。

可见，春季的无机氮含量高于秋季的无机氮含量，主要是由于春季受到陆源农作物氮肥施肥影响较大。

（9）无机磷（IP）

2014年秋季，昌江调查海域表层海水活性磷酸盐含量变化范围为0.7 ~ 31.4 mg/L，平均值为4.7 mg/L；中层海水活性磷酸盐含量变化范围为1.5 ~ 4.8 mg/L，平均值为3.0 mg/L；底层海水活性磷酸盐含量变化范围为1.2 ~ 7.8 mg/L，平均值为3.1 mg/L。表、中、底三层之间活性磷酸盐含量差异不大。表层海水活性磷酸盐含量分布表现出与化学需氧量相似的空间分布规律：珠碧江入海口附近海域活性磷酸盐含量高，其他区域低且分布较为均匀。

2015年春季，昌江调查海域表层海水活性磷酸盐含量变化范围为0.003 ~ 0.010 mg/L，平均值为0.005 4 mg/L；中层海水活性磷酸盐含量变化范围为0.003 ~ 0.006 mg/L，平均值为0.004 5 mg/L；底层海水活性磷酸盐含量变化范围为0.003 ~ 0.010 mg/L，平均值为0.005 2 mg/L。

可见，春季的无机磷含量低于秋季的无机磷含量，主要是由于秋季受到陆源农作物磷肥施肥影响较大。

（10）汞（Hg）

2014年秋季，昌江调查海域海水汞的含量变化范围为0.013 ~ 0.046 μg/L，平均值为0.029 μg/L。表层平均值为0.029 μg/L，中层平均值为0.031 μg/L，底层平均值为0.029 μg/L。

2015年春季，昌江调查海域海水汞的含量变化范围为0.007～0.045 μg/L，平均值为0.025 μg/L。表层平均值为0.029 μg/L，中层平均值为0.023 μg/L，底层平均值为0.022 μg/L。

春、秋两季海水中汞的含量较为稳定。

（11）铅（Pb）

2014年秋季，昌江调查海域海水铅的含量变化范围为1.3～4.7 μg/L，平均值为3.3 μg/L。表层平均值为3.4 μg/L，中层平均值为3.5 μg/L，底层平均值为3.2 μg/L。表、中、底三层海水铅含量分布较为均匀。

2015年春季，昌江调查海域海水铅的含量变化范围为0.5～3.42 μg/L，平均值为1.57 μg/L。表层平均值为1.88 μg/L，中层平均值为1.40 μg/L，底层平均值为1.32 μg/L。

昌江调查海域海水铅含量较高，均超过第一类海水水质标准要求，符合第二类海水水质标准要求。

5.1.2 沉积物环境

昌江调查海域的海洋沉积物样品外观多为灰色淤泥，其次为褐色中砂，大部分站位有轻微硫化氢气味，沉积物类型多为粉砂和砂质粉砂。

表层沉积物中硫化物、镉、铜、砷、锌和总汞含量较低，变化范围小，平面分布较均匀。各站点有机碳、石油类、铬和铅的含量差异较大：有机碳含量的变化范围为0.07%～1.68%；石油类含量的变化范围为11.5×10^{-6}～362.6×10^{-6}；铬含量的变化范围为16.7×10^{-6}～72.0×10^{-6}；铅含量的变化范围为10.1×10^{-6}～56.5×10^{-6}。

总体来说，调查海区表层沉积物中硫化物、镉、铜、砷、锌和总汞含量较低，变化范围小，平面分布较均匀；各站点有机碳、石油类、铬和铅的含量差异较大。其中，有机碳和铬表现出相似的分布规律，即东南部低、中部高；石油类含量分布表现为东南部靠近陆地区域高，其他区域含量较低且分布均匀；铅含量分布表现为中部和西部高，东部和南部低且分布均匀，个别站位的铅含量水平稍高。

5.2 浮游生物

5.2.1 浮游植物

（1）种类组成

2014年秋季，昌江调查海域共鉴定到浮游植物3门52属111种（包括变种及变型），其中硅藻41属92种，甲藻9属16种，蓝藻2属3种。

2015年春季，昌江调查海域共鉴定到浮游植物3门39属77种（包括变种及变型），其中硅藻29属59种，甲藻9属17种，蓝藻1属1种。

（2）优势种

2014年秋季，昌江调查海域的浮游植物优势种类主要为细弱海链藻（*Thalassiosira subtilis*）、拟旋链角毛藻（*Chaetoceros pseudocurvisetus*）、佛氏海毛藻（*Thalassiothrix frauenfeldii*）、覆瓦根管藻（*Rhizosolenia imbricata*）、钟状中鼓藻（*Bellerochea horologicalis*）等。

2015年春季，优势种类十分明显，为翼根管藻纤细变型（*Rhizosolenia alata* f. *gracillima*）。

（3）多样性指数和均匀度

2014年秋季，昌江调查海域各站位浮游植物多样性指数范围为1.69～4.25，平均值为3.57；各站位均匀度范围为0.34～0.80，平均值为0.69。

2015年春季，昌江调查海域各站位浮游植物多样性指数范围为0.11～4.46，平均值为2.56；各站位均匀度范围为0.03～0.92，平均值为0.55。

春、秋两季昌江调查海域多数站位的浮游植物多样性指数和均匀度较高，但少数站位由于个别种类细胞数量过多，优势种趋向单一化，浮游植物种间比例分布不均，致使多样性指数和均匀度偏低。

（4）各站位细胞丰度

2014年秋季，昌江调查海域各站位浮游植物细胞丰度介于11.97×10^4～297.00×10^4 cells/m^3，平均细胞丰度为75.34×10^4 cells/m^3。

2015年春季，昌江调查海域各站位浮游植物细胞丰度介于8.89×10^4~$1\ 164.71 \times 10^4$ cells/m^3，平均细胞丰度为176.89×10^4 cells/m^3。

春、秋两季各站位细胞丰度差异较大，具体情况如图5-1所示，浮游植物细胞丰度在秋季大致呈现由近岸向外海逐渐减小的趋势。

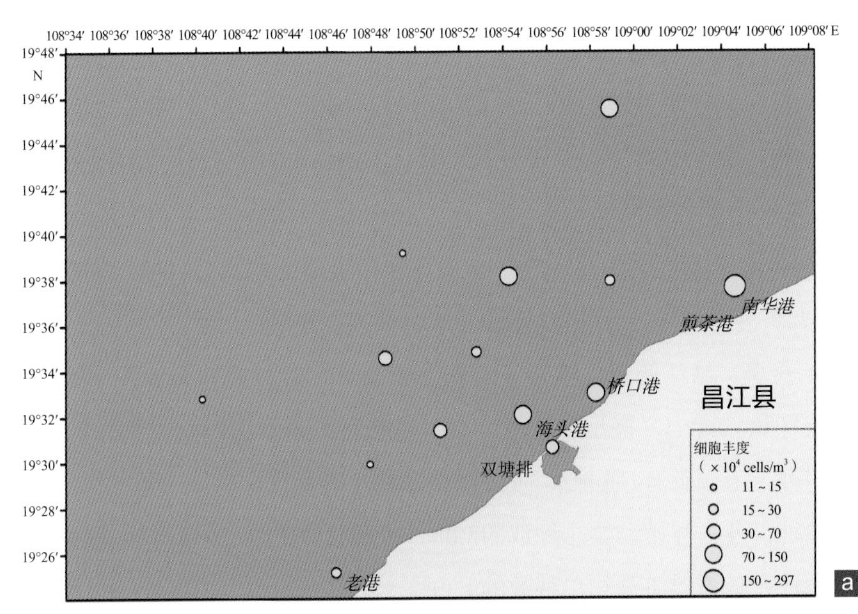

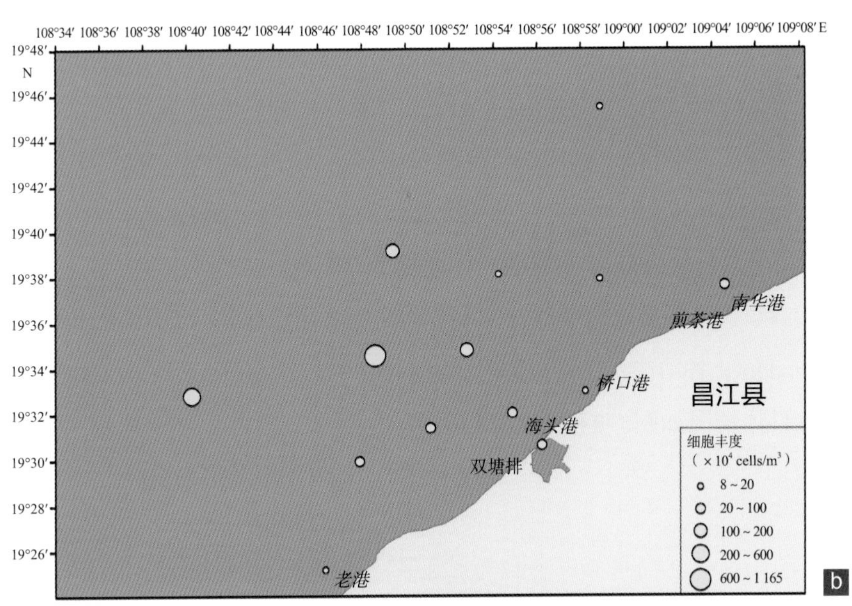

图5-1　浮游植物细胞丰度

a. 秋季；b. 春季

5.2.2 浮游动物

（1）种类组成

2014年秋季，昌江调查海域共鉴定到浮游动物标本15类47属67种，不包括浮游幼体及鱼卵与仔鱼。其中，桡足类最多，有16属23种，占浮游动物总种数的34.33%；水螅水母类有9属9种，占浮游动物总种数的13.43%；毛颚类有1属8种，占浮游动物总种数的11.94%；被囊类有4属5种，占浮游动物总种数的7.46%；多毛类有3属4种，十足类有2属4种，各占浮游动物总种数的5.97%；磷虾类有2属3种，占浮游动物总种数的4.48%；管水母类和翼足类均有2属2种，糠虾类有1属2种，各占浮游动物总种数的2.99%；端足类、介形类、原生动物、枝角类和栉水母类均有1属1种，各占浮游动物总种数的1.49%。另有8个类别浮游幼体和若干鱼卵与仔鱼。

2015年春季，昌江调查海域共鉴定到浮游动物标本11类38属59种，不包括浮游幼体及鱼卵与仔鱼。其中，桡足类最多，有21属35种，占浮游动物总种数的59.32%；被囊类有3属4种，毛颚类有1属4种，各占浮游动物总种数的6.78%；磷虾类有2属3种，十足类有1属3种，各占浮游动物总种数的5.08%；管水母类、介形类、水螅水母类和枝角类均有2属2种，各占浮游动物总种数的3.39%；翼足类和原生动物有1属1种，占浮游动物总种数的1.69%。另有6个类别浮游幼体和若干鱼卵与仔鱼。

（2）生物量和丰度

2014年秋季，昌江调查海域各站位浮游动物丰度介于35.65 ~ 925.93 ind/m^3，平均丰度为183.14 ind/m^3；各站位浮游动物生物量介于10.17 ~ 79.14 mg /m^3，平均生物量为38.58 mg /m^3。各站位具体情况如图5-2和图5-3所示。

2015年春季，昌江调查海域各站位浮游动物丰度介于19.89 ~ 1 105.42 ind/m^3，平均丰度为305.93 ind/m^3；各站位浮游动物生物量介于4.61 ~ 54.33 mg /m^3，平均生物量为24.64 mg/m^3。各站位具体情况如图5-2和图5-3所示。

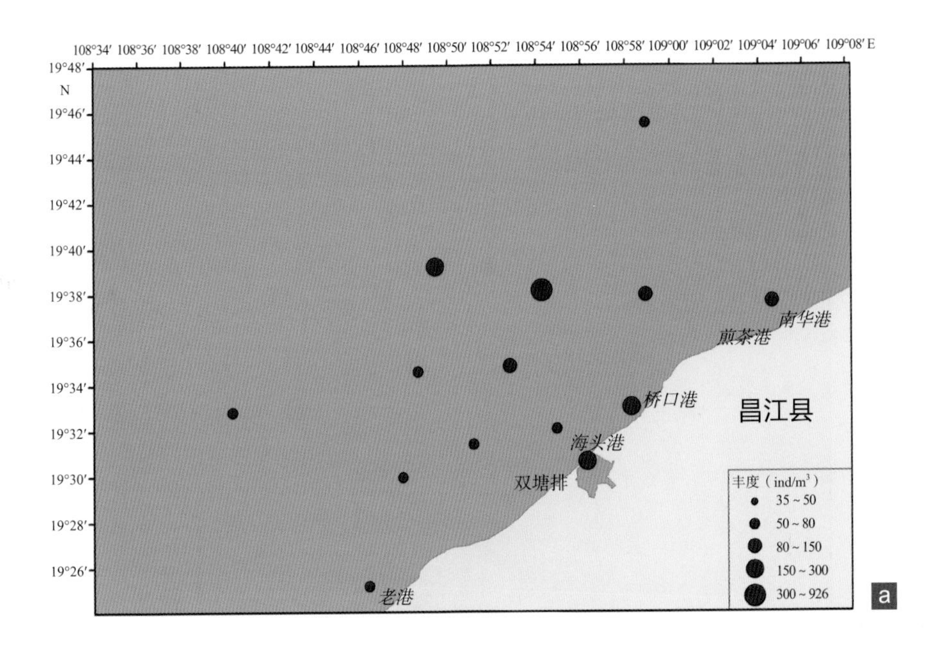

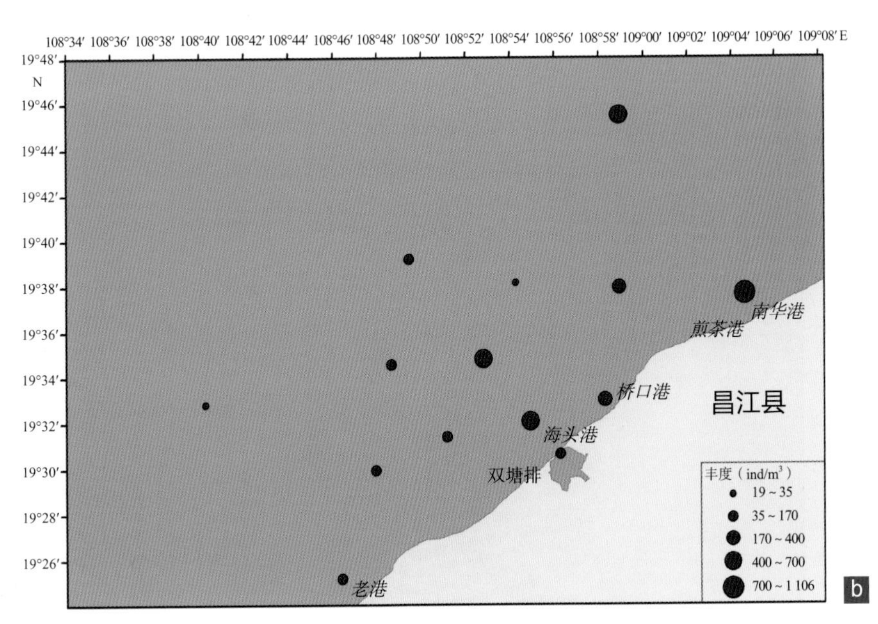

图5-2　浮游动物丰度

a. 秋季；b. 春季

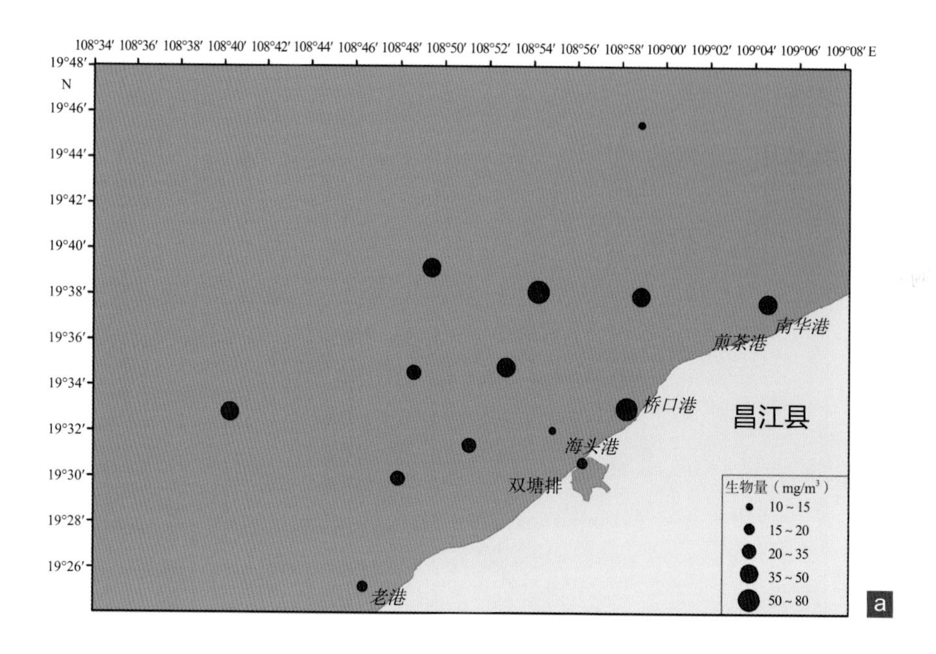

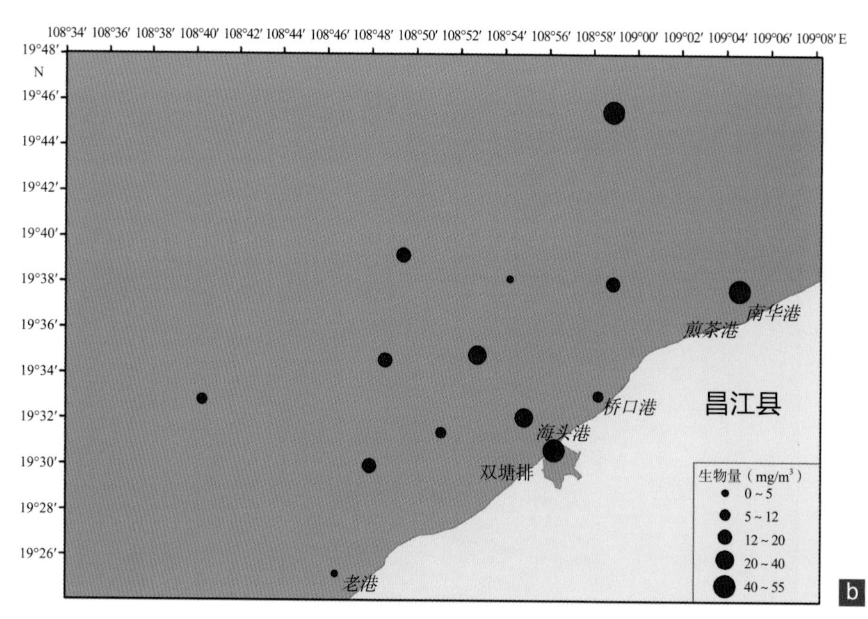

图5-3 浮游动物生物量

a. 秋季；b. 春季

（3）优势种

2014年秋季，昌江调查海域浮游动物优势种类有中华哲水蚤（*Calanus sinicus*）、肥胖箭虫（*Sagitta enflata*）、短尾类幼体（Brachyura larva）、双生水母（*Diphyes chamissonis*）、微刺哲水蚤（*Canthocalanus pauper*）、弱箭虫（*Sagitta delicata*）、瘦尾胸刺水蚤（*Centropages tenuiremis*）、异体住囊虫（*Oikopleura dioica*）、中型莹虾（*Lucifer intermedius*）。以中华哲水蚤为主，优势度为0.124，平均丰度为22.76 ind/m^3。

2015年春季，昌江调查海域浮游动物优势种类有微刺哲水蚤、针刺拟哲水蚤（*Paracalanus aculeatus*）、短尾类幼体、异尾宽水蚤（*Temora discaudata*）、双生水母、中型莹虾、中华哲水蚤、锥形宽水蚤（*Temora turbinata*）、针刺真浮萤（*Euconchoecia aculeata*）、磁蟹溞状幼体（Porcellana zoea larva）、正型莹虾（*Lucifer typus*）、肥胖箭虫。以微刺哲水蚤为主，优势度为0.185，平均丰度为56.47 ind/m^3。

（4）多样性指数和均匀度

2014年秋季，昌江调查海域各站位浮游动物多样性指数介于3.01 ~ 4.03，平均多样性指数为3.64；各站位浮游动物均匀度介于0.67 ~ 0.92，平均均匀度为0.81。

2015年春季，昌江调查海域各站位浮游动物多样性指数介于2.95 ~ 4.05，平均多样性指数为3.64；各站位浮游动物均匀度介于0.72 ~ 0.95，平均均匀度为0.83。

5.2.3 叶绿素a与初级生产力

2014年秋季，昌江调查海域各站位之间叶绿素a含量的变化幅度不大。表层叶绿素a含量的变化范围为0.14 ~ 2.21 mg/m^3，平均值为0.67 mg/m^3；中层的变化范围为0.21 ~ 0.81 mg/m^3，平均值为0.48 mg/m^3；底层的变化范围为0.13 ~ 1.53 mg/m^3，平均值为0.55 mg/m^3。表层叶绿素a含量稍高于中层和底层。表层叶绿素a含量在空间上的分布规律与营养盐相似：在入海口附近海域出现高值区，其余区域的含量较低且分布均匀，这与营养盐的高值区浮游植物繁殖较为旺盛密切相关。中层叶绿素a含量的空间分布规律为：自东北向西南方向逐渐降低。底层叶绿素a含量的空间分布规律为：珠碧江入海口附近海域为高值区，东北部和西南部为低值区。就叶绿素a的含量来讲，调查海域属于贫营养，不存在富营养化现象[参考美国环保局（EPA）关于叶绿素a含量的评价标准：< 4 mg/m^{3}为贫营养，4 ~ 10 mg/m^{3}为中营养，> 10 mg/m^{3}为富营养]。海洋初级生产力是由表层叶绿素a含量代入经验公式计算所得，仅代表该海域的大概水平。根据Cadee和Hegeman（1974）提出的简化公式：$P = Ca \cdot Q \cdot L \cdot t / 2$，其中，$P$为初级生产力[mgC/(m^2·d)]；$Ca$为表层叶绿素a含量（mg/m^3）；$Q$为同化系数[mgC/(mgChla·h)]，根据以往在南海海域的调查结果，调查海域的Q值取3.70；L为真光层的深度（m），根据实际调查海域的透明度估算；t为白昼时间（h），本海域取12 h。昌江调查海域各站位平均透明度为4.20 m，表层叶绿素a的平均含量为0.67 mg/m^3，经计算得到调查海域的初级生产力为62.47 mgC/(m^2·d)。

2015年春季，调查海域各站位之间叶绿素a含量略有差异，站位间表、底层含量变化趋势不同，调查海域东侧海域的叶绿素a含量相对其他海域较高，同时东侧叶绿素a含量有自表层向底层增加的趋势，其他海域为表层高、底层低。调查海域叶绿素a含量的变化范围为未检出 ~ 1.32 mg/m^3，平均值为0.39 mg/m^3。表层叶绿素a含量的变化范围为0.03 ~ 0.85 mg/m^3，平均值为0.44 mg/m^3；中层叶绿素a含量的变化范围为0.03 ~ 0.82 mg/m^3，平均值为0.32 mg/m^3；底层叶绿素a含量的变化范围为0.03 ~ 1.32 mg/m^3，平均值为0.36 mg/m^3。其中，最大值位于大铲礁保留区1号站底层。整个区域叶绿素a含量较低，属于贫营养状态。海洋初级生产力是由表层叶绿素a含量代入经验公式计算所得，仅代表该海域的大概水平。昌江调查海域各站位的平均透明度为4.69 m，表层叶绿素a的平均含量为0.44 mg/m^3，经计算得到调查海域的初级生产力为45.81 mgC/(m^2·d)。

5.3 大型底栖动物

5.3.1 海底大型底栖动物

（1）种类组成

2014年秋季，昌化海头附近海域共采获7个生物类别中的23种大型底栖动物。其中，软体类动物出现的种类最多，有7种；其次为甲壳类，有5种；多毛类有4种；棘皮类有3种；鱼类有2种；腔肠类与头索类各有1种。

2015年春季，昌化海头附近海域共采获5个生物类别中的20种大型底栖动物。其中，软体类动物出现的种类最多，有9种；其次为多毛类与棘皮类，各有4种；甲壳类有2种；头索类有1种。

（2）优势种

2014年秋季，昌化海头附近海域采获的23种大型底栖动物有10种为优势种，分别为波纹巴非蛤（*Paphia undulata*）、帝纹樱蛤（*Tellina timorensis*）、多纹板刺蛇尾（*Placophiothrix striolata*）、沟角贝（*Striodentalium rhabdotum*）、口虾蛄（*Oratosquilla oratoria*）、欧文虫（*Owenia fusiformis*）、鲜明鼓虾（*Alpheus distinguendus*）、岩虫（*Marphysa sanguinea*）、中国毛虾（*Acetes chinensis*）和棕板蛇尾（*Ophiomaza cacaotica*）。

2015年春季，昌化海头附近海域采获的20种大型底栖动物有8种为优势种，分别为波纹巴非蛤、大缝角贝（*Dentalium vernedei*）、鳞杓拿蛤（*Anomalocardia squamosa*）、欧文虫、突畸心蛤（*Anomalocardia producta*）、岩虫、中国毛虾和棕板蛇尾。

（3）多样性指数和均匀度

2014年秋季，海头附近海域各站大型底栖动物多样性指数的变化范围为0.59 ~ 2.32，平均值为1.52；各站大型底栖动物均匀度的变化范围为0.30 ~ 0.53，平均值为0.46。

2015年春季，海头附近海域各站大型底栖动物多样性指数的变化范围为0.00 ~ 2.25，平均值为1.40；各站大型底栖动物均匀度的变化范围为0.41 ~ 1.00，平均值为0.85。

（4）各站位生物量及栖息密度

2014年秋季，昌化海头附近海域各站位大型底栖动物生物量的变化范围为0.44 ~ 416.67 g/m^2（图5–4），平均生物量为54.24 g/m^2；各站位大型底栖动物栖息密度的变化范围为44.00 ~ 289.00 ind/m^2（图5–5），平均密度为127.00 ind/m^2。

2015年春季，昌化海头附近海域各站位大型底栖动物生物量的变化范围为0.38 ~ 61.6 g/m^2（图5–4），平均生物量为18.57 g/m^2；各站位大型底栖动物栖息密度的变化范围为6.00 ~ 188.00 ind/m^2（图5–5），平均密度为64.00 ind/m^2。

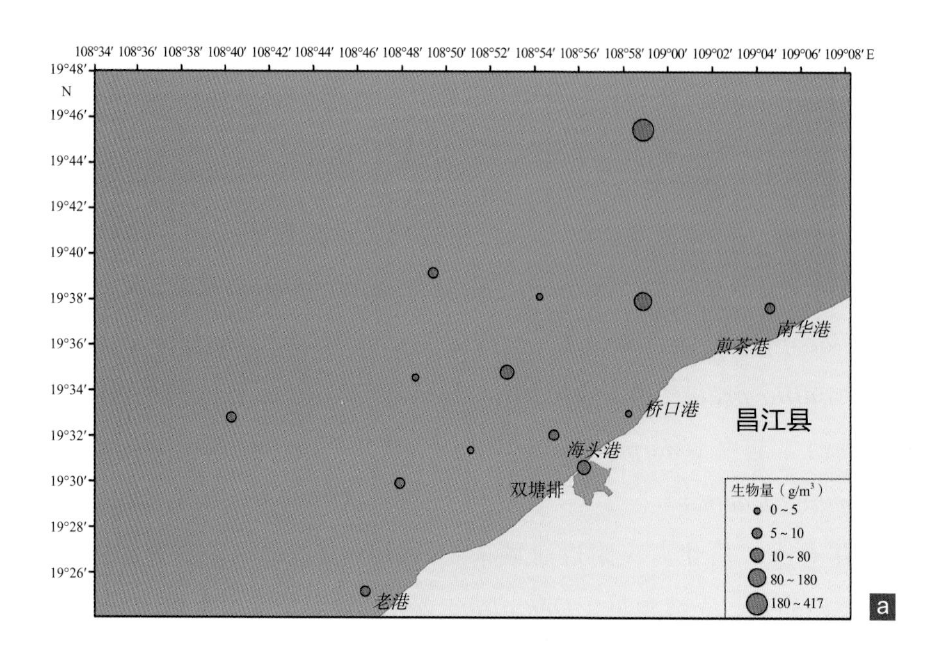

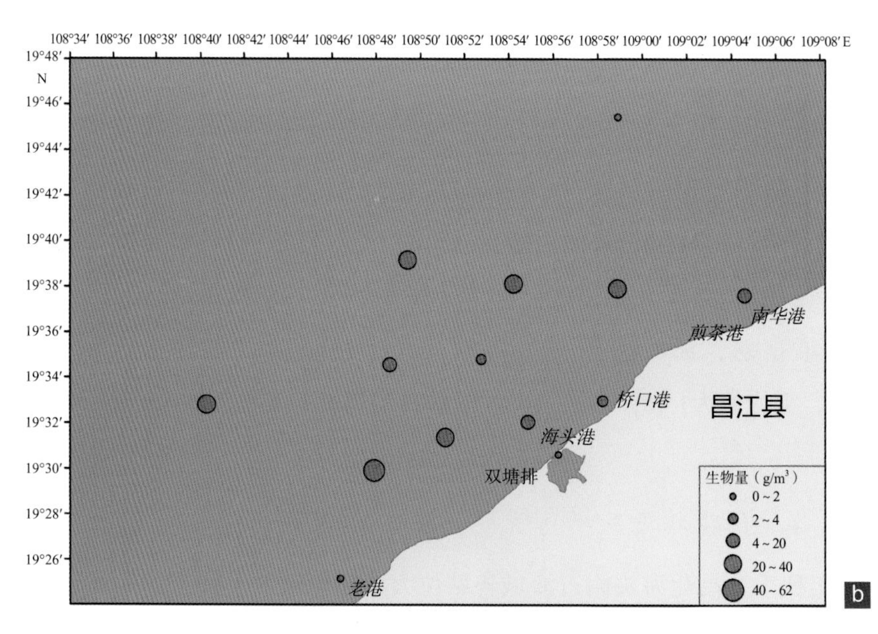

图5-4　海底大型底栖动物生物量

a. 秋季；b. 春季

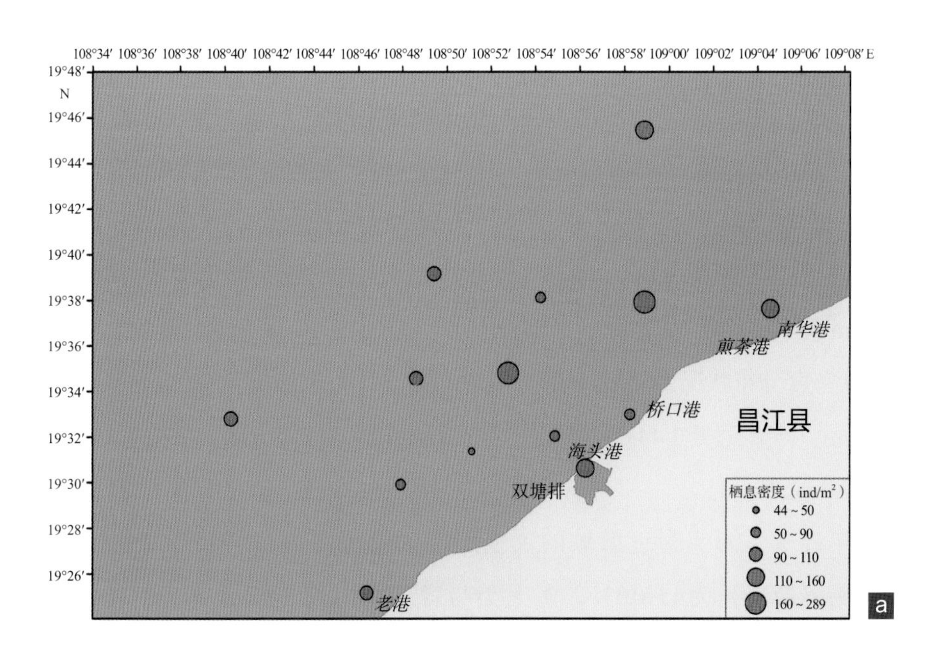

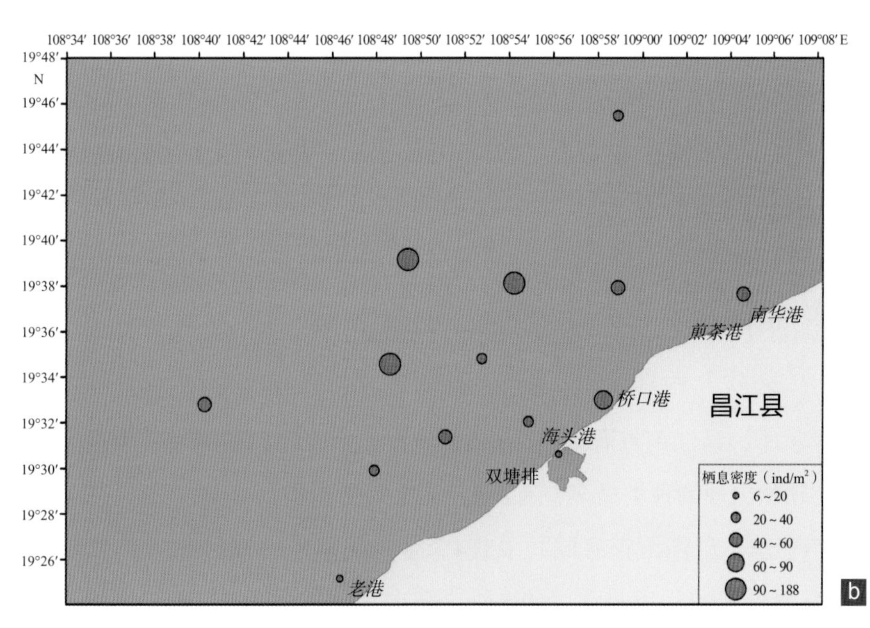

图5-5　海底大型底栖动物栖息密度

a. 秋季；b. 春季

（5）各类别生物量及栖息密度

2014年秋季，海头附近海域的大型底栖动物主要由7类组成，其中，以软体类动物的出现率最高，为34.43%；甲壳类出现率为21.74%；多毛类出现率为17.39%；棘皮类出现率为13.04%；鱼类出现率为8.70%；腔肠类与头索类出现率最低，均为4.35%。各类别生物量的分布状况为：腔肠类（386.00 g/m^2）> 软体类（27.65 g/m^2）> 鱼类（7.67 g/m^2）> 棘皮类（5.00 g/m^2）> 多毛类（3.76 g/m^2）> 甲壳类（1.87 g/m^2）> 头索类（0.89 g/m^2）。各类别生物的栖息密度分布状况为：棘皮类（66.00 ind/m^2）> 软体类（58.00 ind/m^2）> 腔肠类（44.00 ind/m^2）= 多毛类（44.00 ind/m^2）> 甲壳类（29.00 ind/m^2）> 鱼类（22.00 ind/m^2）= 头索类（22.00 ind/m^2）。

2015年春季，海头附近海域的大型底栖动物主要由5类组成，其中，以软体类动物的出现率最高，为45.00%；多毛类与棘皮类出现率均为20.00%；甲壳类出现率为10.00%；头索类出现率最低，为5.00%。各类别生物量的分布状况为：棘皮类（10.94 g/m^2）> 软体类（10.45 g/m^2）> 多毛类（7.72 g/m^2）> 甲壳类（0.39 g/m^2）> 头索类（0.31 g/m^2）。各类别生物的栖息密度分布状况为：软体类（49.00 ind/m^2）> 多毛类（24.00 ind/m^2）> 头索类（19.00 ind/m^2）> 甲壳类（11.00 ind/m^2）> 棘皮类（7.00 ind/m^2）。

5.3.2 潮间带大型底栖动物

（1）种类分布与组成

2014年秋季，昌江调查海域共采获3个生物类别中的13种潮间带大型底栖动物。其中，软体类动物出现的种类最多，有8种；其次为甲壳类，有4种；多毛类1种。

2015年春季，昌江调查海域共采获4个生物类别中的10种潮间带大型底栖动物。其中，甲壳类出现的种类最多，有5种；其次为软体类，有3种；多毛类1种；鱼类1种。

（2）优势种

2014年秋季，昌江调查海域潮间带大型底栖动物优势种为豆斧蛤（*Latona faba*）、楔形斧蛤（*Donax Cumcatus*）、疣吻沙蚕（*Tylorrhynchus heterochaetus*）、平轴螺（*Planaxis sulcaturs*）、波纹蜒螺（*Nerita undata*）。

2015年春季，昌江调查海域潮间带大型底栖动物优势种为豆斧蛤、菲律宾蛤仔（*Ruditapes philippinarum*）、宽额大额蟹（*Metopograpsus frontalis*）、短指和尚蟹（*Mictyris brevidactylus*）、疣吻沙蚕。

（3）多样性指数和均匀度

2014年秋季，昌江调查海域各站大型底栖动物多样性指数的变化范围为0.02～2.07，平均值为0.89；各站潮间带大型底栖动物均匀度的变化范围为0.02～0.89，平均值为0.47。

2015年春季，昌江调查海域各站大型底栖动物多样性指数的变化范围为0.00～2.27，平均值为0.68；各站潮间带大型底栖动物均匀度的变化范围为0.00～0.98，平均值为0.37。

（4）各站位栖息密度与生物量

2014年秋季，昌江调查海域各站位潮间带大型底栖动物栖息密度的变化范围为16.3～304.4 ind/m^2（图5-6），平均密度为150.31 ind/m^2；各站位潮间带大型底栖动物生物量的变化范围为23.5～383 g/m^2（图5-7），平均生物量为149.69 g/m^2。

2015年春季，昌江调查海域各站位潮间带大型底栖动物栖息密度的变化范围为32.5～672 ind/m^2（图5-6），平均密度为164.05 ind/m^2；各站位潮间带大型底栖动物生物量的变化范围为26.1～333 g/m^2（图5-7），平均生物量为94.19 g/m^2。

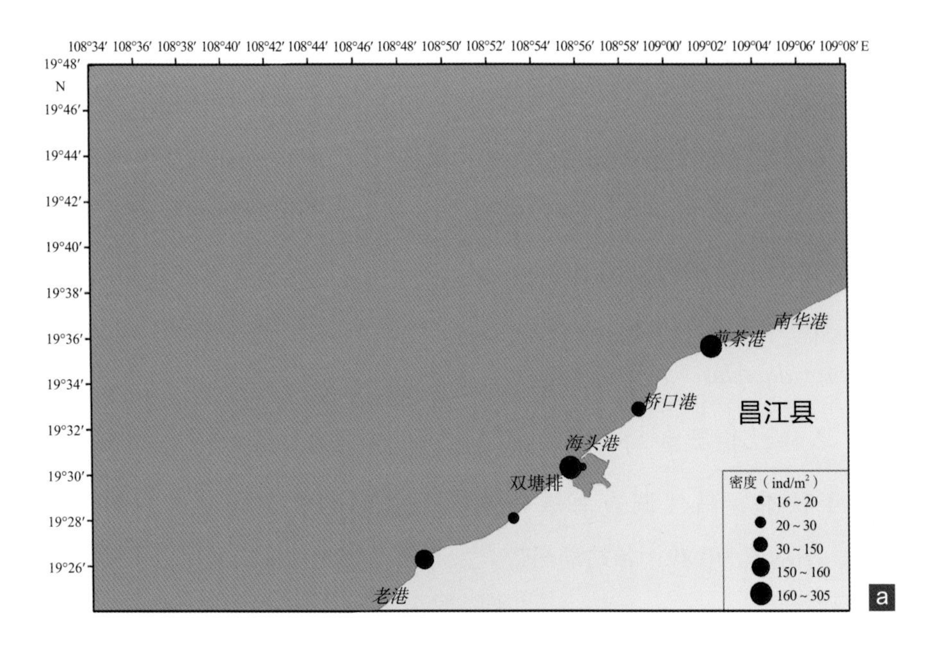

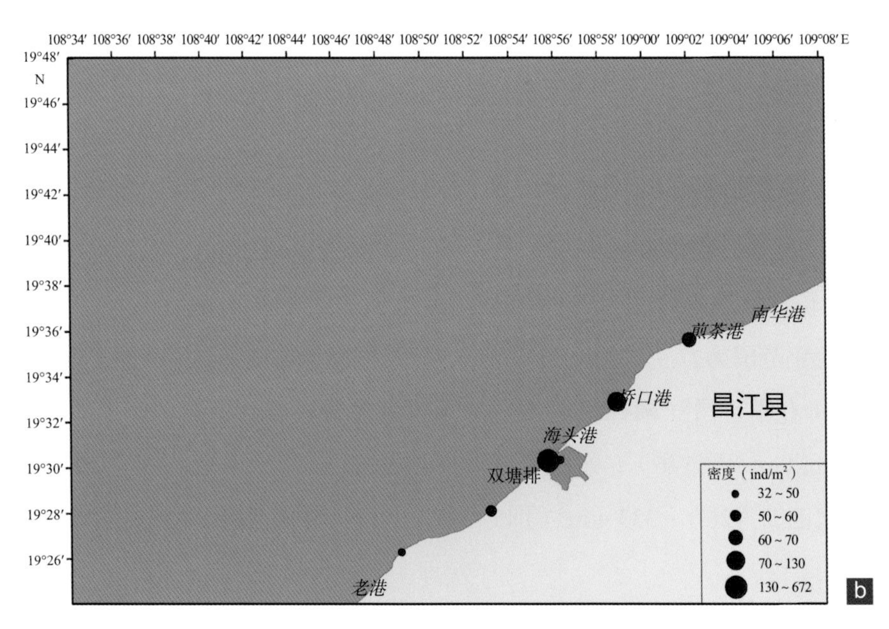

图5-6　潮间带大型底栖动物栖息密度

a. 秋季；b. 春季

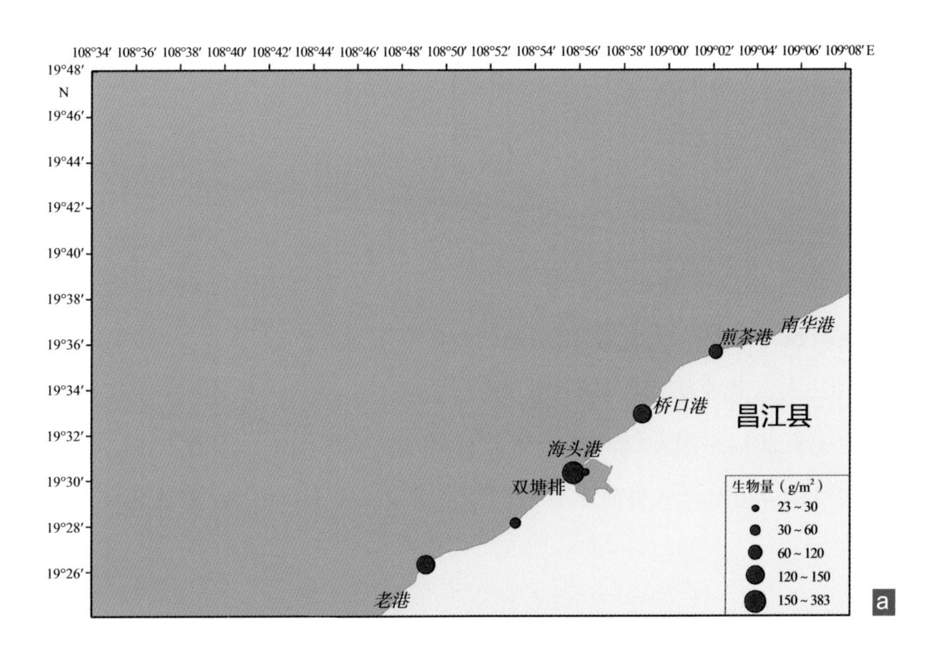

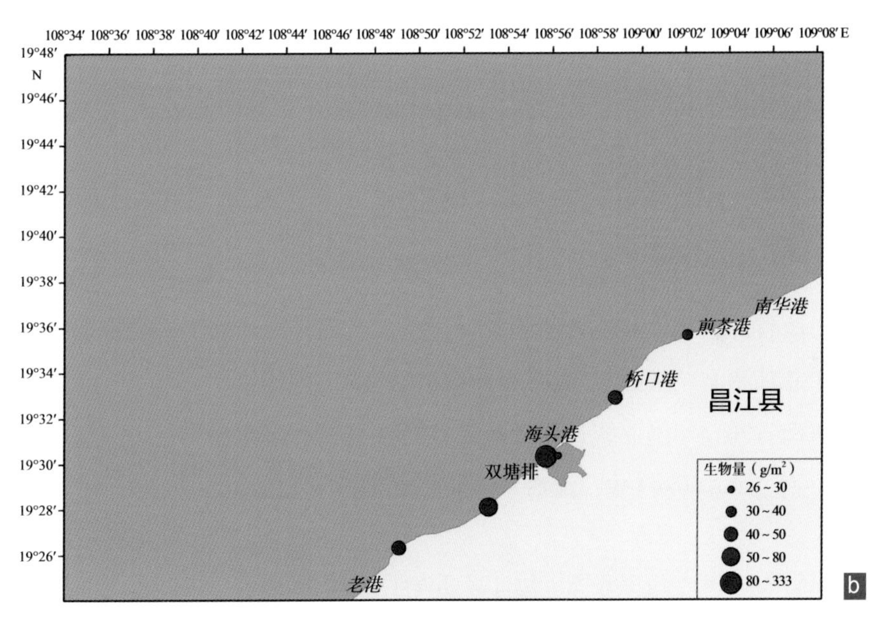

图5-7　潮间带大型底栖动物生物量

a. 秋季；b. 春季

5.4 渔业资源

5.4.1 渔业生产

（1）渔业人口、行政分布及船舶拥有量

根据海南省2013年渔业统计年表统计，昌江县有海洋渔业乡镇2个，渔户2 350户，渔业人口14 273人。从事海洋捕捞的专业劳动力有8 472人，从事海水养殖的专业劳动力有1 026人，兼业从业人员有180人（表5-1）。

根据海南省2014年渔业统计年表统计，昌江县有海洋渔业乡镇2个，海洋渔业村10个，渔业人口14 480人。从事海水养殖的专业劳动力有1 000人，兼业从业人员有500人（表5-1）。

表5-1 昌江县海洋渔业人群分布

年份	海洋渔业乡村（个）		海洋渔业人口		海洋渔业专业从业人员（人）		兼业从业人员（人）
	乡镇	村	户数	人口	海洋捕捞	海水养殖	
2013	2	—	2 350	14 273	8 472	1 026	180
2014	2	10	—	14 480	—	1 000	500

“—”表示未统计。

根据海南省2013年渔业统计年表统计，昌江县拥有海洋捕捞机动渔船744艘，总吨位14 911 t，总功率45 759 kW；无海水养殖机动渔船（表5-2）。

根据海南省2014年渔业统计年表统计，昌江县拥有海洋捕捞机动渔船684艘，总吨位28 063 t，总功率64 984 kW；无海水养殖机动渔船（表5-2）。

表5-2 昌江县海洋生产渔船拥有量

年份	机动渔船					
	海洋捕捞			海水养殖		
	数量（艘）	总吨位（t）	总功率（kW）	数量（艘）	总吨位（t）	总功率（kW）
2013	744	14 911	45 759	0	0	0
2014	684	28 063	64 984	0	0	0

（2）海洋捕捞概况

根据海南省2013年渔业统计年表统计，2013年昌江县海洋捕捞品种组成如表5-3所示，鱼类捕获量为59 105 t，其余类别未知。捕捞的鱼类主要包括鮸鱼（*Miichthy smiiuy*）、蓝圆鲹（*Decapterus maruadsi*）、带鱼（*Trichiurus lepturus*）、金线鱼（*Nemipterus virgatus*）、海鳗（*muraenesox cinereus*）和黄姑鱼（*Nibea albiflora*）等。

根据海南省2014年渔业统计年表统计，2014年昌江县海洋捕捞品种组成如表5-3所示，其中以鱼类比例为最高，其次是头足类、虾类、贝类与蟹类，藻类比例最低。捕捞的鱼类主要包括鮸鱼、蓝圆鲹、带鱼、金线鱼、海鳗和黄姑鱼等。虾蟹类主要为虾蛄（*Oratosquilla* sp.）、对虾（*Penaeus* sp.）、梭子蟹（*Portunus* sp.）和青蟹（*Scylla* sp.）等。头足类主要品种有乌贼（*Sepiella* sp.）和鱿鱼（*Loligo chinensis*）。

表5-3　昌江县海洋捕捞品种组成　单位：t

年份	鱼类	虾类	蟹类	贝类	藻类	头足类	其他
2013	59 105	—	—	—	—	—	—
2014	52 251	932	529	845	196	1 010	504

（3）海水养殖业概况

根据海南省2013年渔业统计年表统计，昌江县海水养殖面积为1 337 hm²。其中，以虾类养殖面积最大，其次是藻类、蟹类，鱼类养殖面积最小，无贝类和其他养殖（表5-4）。

根据海南省2014年渔业统计年表统计，昌江县海水养殖面积为1 371 hm²。其中，以虾类养殖面积最大，其次是藻类，鱼类养殖面积最小，无蟹类、贝类和其他养殖（表5-4）。

表5-4　昌江县海水养殖面积　单位：hm²

年份	鱼类	虾类	蟹类	贝类	藻类	其他	合计
2013	85	848	125	0	279	0	1 337
2014	85	1 007	0	0	279	0	1 371

根据海南省2013年渔业统计年表统计，昌江县海水养殖总产量为7 512 t。其中，以虾类养殖产量为最高，其次是藻类，鱼类养殖产量最低，无贝类和其他类养殖（表5-5）。海水养殖品种主要有南美白对虾（*Penaeus vannamei*）、麒麟菜（*Eucheuma muricatum*）和石斑鱼（*Epinephelus* sp.）等。

根据海南省2014年渔业统计年表统计，昌江县海水养殖总产量为7 084 t。其中，以虾类养殖产量为最高，其次是藻类，鱼类养殖产量最低，无蟹类、贝类和其他类养殖（表5-5）。海水养殖品种主要有南美白对虾、异枝麒麟菜（*Eucheuma striatum*）、江蓠（*Gracilaria* sp.）以及石斑鱼等。

表5-5 昌江县海水养殖产量 单位：t

年份	鱼类	虾类	蟹类	贝类	藻类	其他	合计
2013	216	4 726	354	0	2 216	0	7 512
2014	290	3 960	0	0	2 015	0	7 084

5.4.2 游泳动物

（1）种类组成与分布

2014年秋季，在海头近岸海域共进行了14个站位的游泳动物调查（图5-8a），渔获量为860.15 kg，捕获种类经鉴定共有70种。各站位的渔获量差异较大，渔获量为0.21 ~ 150.75 kg；调查到的种类数差异较大，各站位种类数为5 ~ 34种。

2015年春季，在海头近岸海域共进行了14个站位的游泳动物调查（图5-8b），渔获量为464.13 kg，捕获种类经鉴定共有70种。各站位的渔获量差异较大，渔获量为0.34 ~ 53.52 kg；调查到的种类数差异较大，各站位种类数为11 ~ 47种。

2014年秋季调查发现共有游泳动物43科70种，其中鱼类为37科54种，占捕获种类的77.14%；甲壳类为5科13种，占捕获种类的18.57%；头足类为3科3种，占捕获种类的4.29%。2015年春季调查发现共有游泳动物40科70种，其中鱼类为31科51种，占捕获种类的72.86%；甲壳类为7科17种，占捕获种类的24.29%；头足类为2科2种，占捕获种类的2.86%。

图5-8 底拖作业现场
a. 秋季；b. 春季

（2）丰度和生物量

2014年秋季调查发现游泳动物平均丰度较高的主要有8种，分别为长肋日月贝（*Amusium pleuronectes*）、带鱼（*Trichiurus lepturus*）、短棘鲾（*Leiognathus equulus*）、黄斑鲾（*Leiognathus bindus*）、鳓（*Ilisha elongata*）、鹿斑鲾（*Secutor ruconius*）、须赤虾（*Metapenaeopsis barbata*）和中国枪乌贼（*Loligo chinensis*）；平均生物量较高的主要有13种，分别为白鲳（*Ephippus orbis*）、长肋日月贝、带鱼、短棘鲾、凡滨纳对虾（*Litopenaeus vannamei*）、海鳗（*Muraenesox cinereus*）、黄斑鲾、叫姑鱼（*Johnius grypotus*）、看守长眼蟹（*Podophthalmus vigil*）、蓝圆鲹（*Decapterus maruadsi*）、鳓、鹿斑鲾和中国枪乌贼。

2015年春季调查发现游泳动物平均丰度较高的主要有8种，分别为短棘鲾、黄斑鲾、蓝圆鲹、鹿斑鲾、矛形梭子蟹（*Portunus hastatoides*）、日本关公蟹（*Dorippe japonica*）、须赤虾和中国枪乌贼；平均生物量较高的主要有12种，分别为二长棘鲷（*Parargyrops edita*）、黄斑鲾、看守长眼蟹、蓝圆鲹、丽叶鲹（*Caranx kalla*）、鹿斑鲾、矛形梭子蟹、日本关公蟹、须赤虾、中国枪乌贼、竹荚鱼（*Trachurus japonicus*）和鲻鱼（*Podophthalmus vigil*）。

（3）多样性指数和均匀度

2014年秋季，调查海域游泳动物的平均多样性指数为3.16，平均均匀度为0.18；2015年春季，调查海域游泳动物的平均多样性指数为2.87，平均均匀度为0.61。

（4）渔获率与资源密度

2014年秋季调查的各站位捕捞时间为0.67 ~ 1.35 h，捕获游泳动物生物量为0.21 ~ 150.75 kg，捕获游泳动物尾数为8 ~ 12 913 尾。计算结果表明，各站位游泳动物生物量渔获率为0.28 ~ 140.89 kg/（网·h），平均为57.42 kg/（网·h）；各站位游泳动物尾数渔获率为12 ~ 12 180尾/（网·h），平均为4 205尾/（网·h）（图5-9）。各站位现存生物量资源密度为254.93 ~ 1 105.00 kg/km^2，平均为404.26 kg/km^2；现存尾数资源密度为7 140 ~ 95 528 尾/km^2，平均为29 603 尾/km^2。

2015年春季调查的各站位捕捞时间为0.63 ~ 1.33 h，捕获游泳动物生物量为0.34 ~ 53.52 kg，捕获游泳动物尾数为55 ~ 8 159 尾。计算结果表明，各站位游泳动物生物量渔获率为1.70 ~ 44.78 kg/（网·h），平均为31.88 kg/（网·h）；各站位游泳动物尾数渔获率为66 ~ 8 078 尾/（网·h），平均为3 618尾/（网·h）（图5-9）。各站位现存生物量资源密度为254.71 ~ 344.48 kg/km^2，平均为245.55 kg/km^2；现存尾数资源密度为21 589 ~ 62 140 尾/km^2，平均为27 873 尾/km^2。

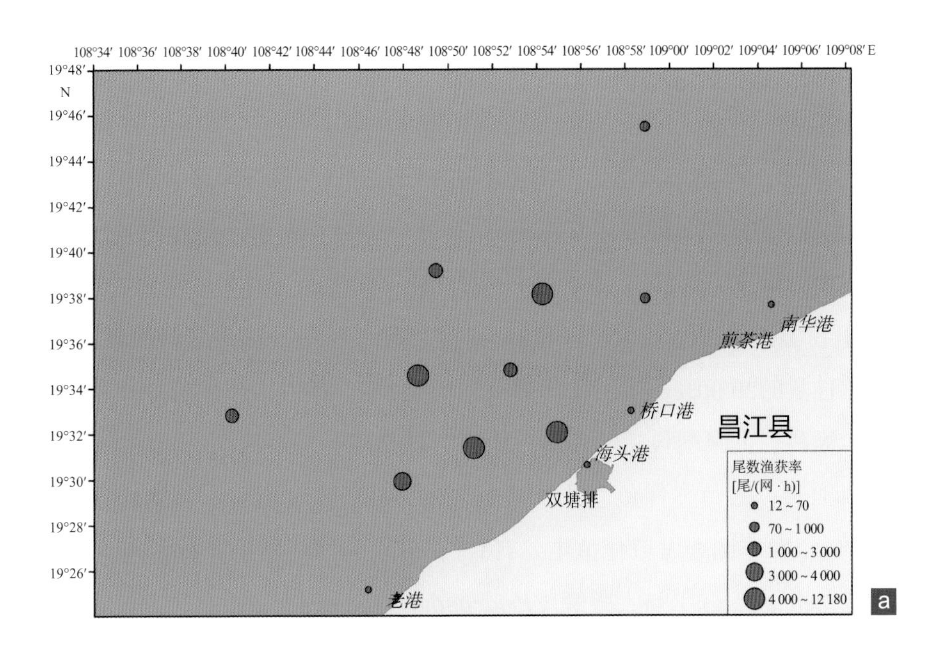

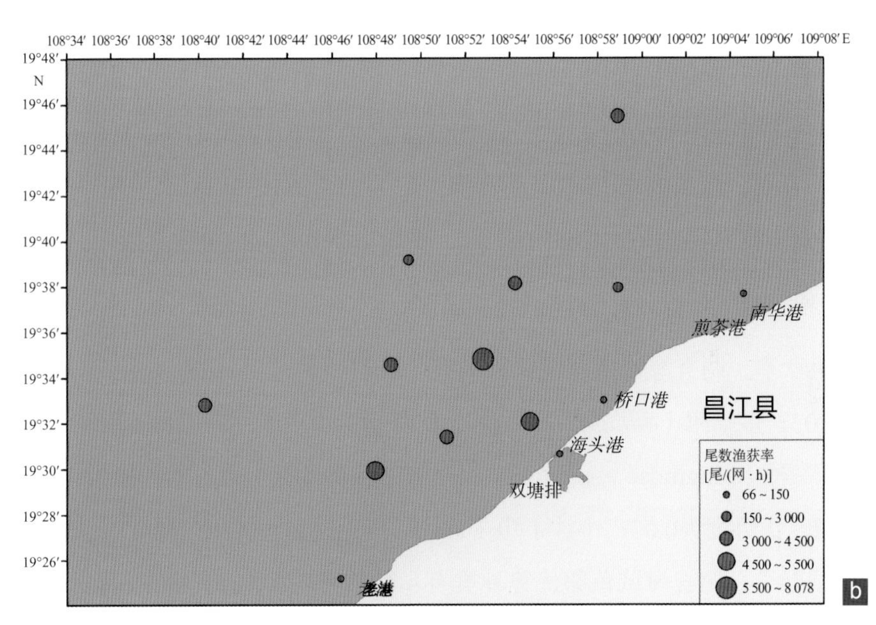

图5-9　游泳动物尾数渔获率

a. 秋季；b. 春季

5.4.3 鱼卵仔鱼

（1）种类组成

2014年秋季，调查海域鱼卵共有10科14种，其中，鳀科最多，有3种，其余各科均有1种；此外，还有死卵1种，未鉴定出的1种。2014年秋季，调查海域仔鱼共有6科8种，其中，鲷科最多，有2种，其余各科均有1种；此外，还有未鉴定出的1种。

2015年春季，调查海域鱼卵仔鱼共有9科15种，其中，隆头鱼科最多，有3种，占鱼卵仔鱼总种数的20.00%；笛鲷科与鲹科，均有2种，各占鱼卵仔鱼总种数的13.33%；狗母鱼科、鲷科、大眼鲷科、羊鱼科、鲭科与裸颊鲷科均1种，各占鱼卵仔鱼总种数的6.67%；死卵1种，占鱼卵仔鱼总种数的6.67%；未鉴定出的1种，占鱼卵仔鱼总种数的6.67%。2015年春季调查海域仔鱼主要有3种，分别为四线笛鲷（*Lutjanus kasmira*）、石斑鱼（*Epinephelus* sp.）与大眼鲷（*Priacanthus macracanthus*）。

（2）丰度

2014年秋季，调查海域鱼卵丰度范围为3.33 ~ 356.67 ind/100 m^3，平均丰度为85.83 ind/100 m^3；仔鱼丰度范围为0.00 ~ 33.33 ind/100 m^3，平均丰度为9.41 ind/100 m^3。

2015年春季，调查海域鱼卵丰度范围为85 ~ 358 ind/100 m^3，平均丰度为195 ind/100 m^3；仔鱼丰度范围为0 ~ 28 ind/100 m^3，平均丰度为6 ind/100 m^3。

（3）优势种

2014年秋季，调查海域鱼卵优势种类有：鲷科一种（Sparidae gen. et sp. indet.），优势度为0.02；多鳞鱚（*Sillago sihama*），优势度为0.22；死卵（Bad egg），优势度为0.10；鲻科一种（Mugilidae gen. et sp. indet.），优势度为0.09。本次调查仔鱼优势种类有：多鳞鱚，优势度为0.07；小沙丁鱼（*Sarinella* sp.），优势度为0.07。

2015年春季，调查海域鱼卵优势种类有：长鲳鲹（*Carangoides oblongus*），优势度为0.03；大眼鲷（*Priacanthus macracanthus*），优势度为0.10；鲷科一种，优势度为0.03；四线笛鲷（*Lutjanus kasmira*），优势度为0.05；條尾绯鲤（*Upeneus bensasi*），优势度为0.09；鹦嘴鱼（*Scarus* sp.），优势度为0.02；竹荚鱼，优势度为0.02。本次调查仔鱼优势种为四线笛鲷，优势度为0.03；石斑鱼（*Epinephelus* sp.），优势度为0.03；

大眼鲷，优势度为0.02。

（4）生物多样性指数和均匀度

2014年秋季调查期间该水域鱼卵多样性指数范围为0.00～2.09，平均为1.11；均匀度范围为0.34～1.00，平均为0.73。该水域仔鱼多样性指数范围为0.00～2.07，平均为0.71；均匀度范围为0.45～1.00，平均为0.81。

2015年春季调查期间该水域鱼卵多样性指数范围为1.27～2.43，平均为1.78；均匀度范围为0.65～0.98，平均为0.85。该水域仔鱼多样性指数范围为0.00～1.76；平均为0.53；均匀度范围为0.32～0.68，平均为0.46。

5.5 珊瑚礁资源

5.5.1 珊瑚种类与分布

2014年秋季，昌江海头附近海域共调查到造礁石珊瑚10科21属34种，主要优势种为澄黄滨珊瑚（*Porites lutea*）、交替扁脑珊瑚（*Platygyra crosslandi*）、二异角孔珊瑚（*Goniopora duofasciata*）、秘密角蜂巢珊瑚（*Favites abdita*），常见珊瑚种类有精巧扁脑珊瑚（*Platygyra daedalea*）、标准蜂巢珊瑚（*Favia speciosa*）、多孔鹿角珊瑚（*Acropora millepora*）等；软珊瑚种类较少，仅调查到短指软珊瑚（*Sinularis* sp.）和肉芝软珊瑚（*Saycophyton* sp.）。

2015年春季，昌江海头附近海域共调查到造礁石珊瑚10科26属42种，主要优势种为澄黄滨珊瑚、交替扁脑珊瑚、二异角孔珊瑚、多孔鹿角珊瑚，常见珊瑚种类有精巧扁脑珊瑚、标准蜂巢珊瑚、伞房鹿角珊瑚（*Acropora corymbosa*）等；软珊瑚种类较少，仅调查到短指软珊瑚和肉芝软珊瑚。

2015年春季调查到的造礁石珊瑚种类比2014年秋季多，多出的种类主要为鹿角珊瑚（*Acropora* sp.）、厚丝珊瑚（*Pachyseris* sp.）、葶叶珊瑚（*Scapophyllia* sp.）、裸肋珊瑚（*Merulina* sp.）等；两个季度调查到的软珊瑚种类都较少，都仅调查到短指软珊瑚和肉芝软珊瑚。

昌江海头附近海域的珊瑚分布范围也比较窄，沿岸呈带状分布（图5-10），主要分布在水深2～5 m区域，部分区域可以看到成片的造礁石珊瑚，自海头至海尾一带珊瑚分布较多。

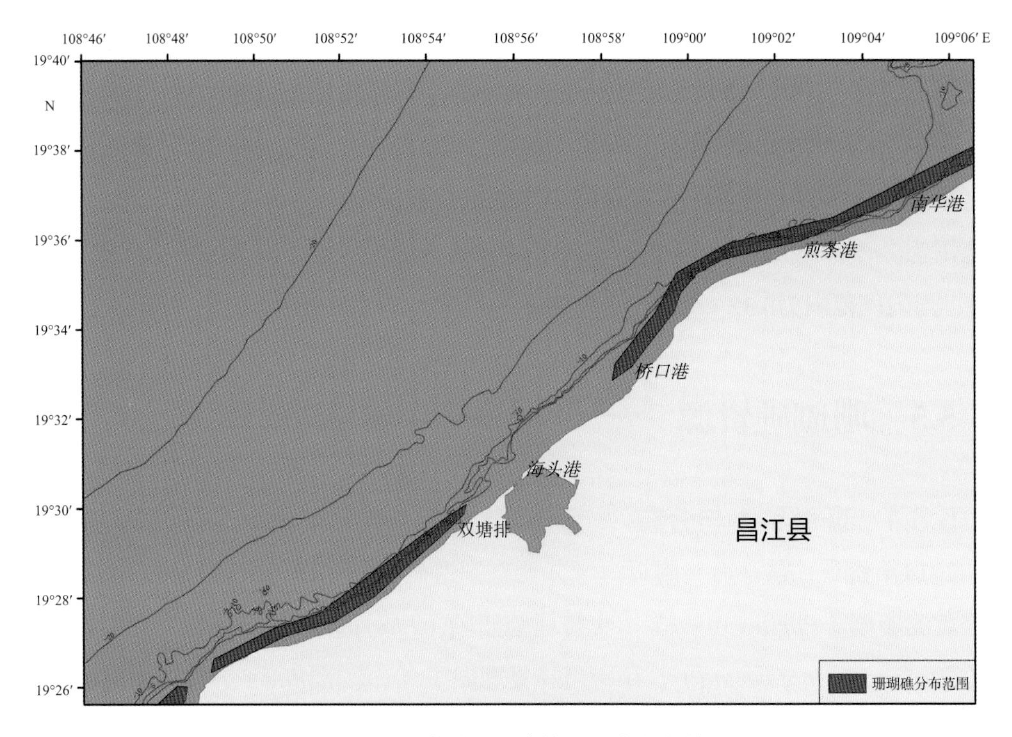

图5-10 昌江海头附近海域珊瑚礁分布范围

5.5.2 珊瑚覆盖率

2014年秋季，昌江海头附近海域的珊瑚覆盖率为8.25%，基本都为造礁石珊瑚，礁石比例为48.15%，砂土为43.7%（表5-6）。海头至海尾一带珊瑚分布较多，局部区域的珊瑚覆盖率可以达到20%左右。

2015年春季，昌江海头附近海域的珊瑚覆盖率为5.20%，基本都为造礁石珊瑚，礁石比例为57.70%，砂土为37.10%（表5-6）。海头至海尾一带珊瑚分布较多。

表5-6 昌江海头附近海域底质分布情况

年份	珊瑚覆盖率（%）	藻类覆盖率（%）	补充量（ind/m²）	礁石（%）	砂土（%）
2014	8.25	0.00	0.15	48.15	43.70
2015	5.20	6.40	0.19	57.70	37.10

5.5.3 珊瑚死亡率及病害

2014年秋季调查显示，昌江海头附近海域的珊瑚死亡率和病害发生率都为0.00%；2015年春季调查显示，昌江海头附近海域的珊瑚死亡率和病害发生率都为0.00%。

5.5.4 珊瑚补充量

2014年秋季，昌江海头附近海域的珊瑚补充量偏低，仅为0.15 ind/m^2；2015年春季，昌江海头附近海域的珊瑚补充量亦偏低，为0.19 ind/m^2。

5.5.5 珊瑚礁鱼类

2014年秋季，昌江海头附近海域共调查到珊瑚礁鱼类16种，主要为两色光鳃雀鲷（*Chromis margaritifer*）、黑高身雀鲷（*Stegastes nigricans*）、褐斑蓝子鱼（*Siganus fuscescens*）等。该区域的鱼类密度为33.00 ind/100 m^2，鱼类体长偏小，平均仅为7.00 cm（表5-7），多为小型珊瑚礁鱼类，有经济价值的较少。

2015年春季，昌江海头附近海域共调查到珊瑚礁鱼类16种，主要为两色光鳃雀鲷、五带豆娘鱼（*Abudefduf vaigiensis*）、黑高身雀鲷、褐斑蓝子鱼等。该区域的鱼类密度为28.90 ind/100 m^2，鱼类体长也偏小，平均仅为8.68 cm（表5-7），多为小型珊瑚礁鱼类，有经济价值的较少。

表5-7 昌江海头附近海域珊瑚礁鱼类分布情况

年份	鱼类种类	鱼类密度（ind/100 m^2）	鱼类体长（cm）
2014	16	33.00	7.00
2015	16	28.90	8.68

5.5.6 大型藻类及大型底栖动物

2014年秋季，昌江海头附近海域珊瑚礁区域基本无大型藻类分布，大型藻类覆盖率为0.00%；大型底栖动物也较少，偶见海葵（*Actiniaria* sp.）、海参（*Oplopanax* sp.）、马蹄螺（*Trochus maculatus*）、管虫（*Sabellastarte magnifica*）等大型底栖动物。

2015年春季，昌江海头附近海域珊瑚礁区域的大型藻类分布较多，大型藻类覆盖率为6.40%，主要种类为马尾藻（*Sargassum* sp.）、耳壳藻（*Peyssonnelia squamaria*）、喇叭藻（*Turbinaria ornata*）等；大型底栖动物也较少，偶见海葵、海参、马蹄螺、三疣梭子蟹（*Portunus trituberculatus*）等大型底栖动物。

第6章 海南岛西部海域资源保护与可持续发展建议

海南岛西部海域濒临北部湾，其环境良好、资源丰富，自古以来是海南省渔业发展重要区域，随着社会经济以及城镇化、工业化的发展，渔业生产工具的改进以及大型渔船的建造，海南岛西部海域海洋生物资源及其环境目前已承受极大的压力，面临着资源匮竭、环境质量下降的风险。基于海南岛西部海域资源分布现状以及面临的威胁，本章节主要对海南岛西部海域资源环境当前存在的问题进行归类阐述和客观分析，结合资源生态保护治理原则，提出了当前保护及修复海南岛西部海域资源的主要任务及相关的保障措施，旨在为海南岛西部海域资源保护与可持续发展提供基础数据及理论方面的建议。

6.1 问题与原因

6.1.1 海洋环境退化

海南岛西部海域2014年和2015年水体环境质量、海洋生物质量调查结果充分表明，未达到海水水质第一类、第二类标准的海域主要分布在人口密集、网箱养殖、船只活动频繁的新英湾内湾、珠碧江入海口等局部区域。

海南岛西部海域环境退化主要受以下几个方面的影响：沿海城镇的生活污水尚未纳入市政污水管网，城镇生活污染源仍未得到有效控制；随着港口和临港工业的快速发展，工业污染源和海上污染源增多，造成近岸海域环境污染；农业面源污染不易控制，滩涂、城郊地区畜禽养殖粪便和养殖废水未经处理直接排放，农业排海污染源强度增大；近岸高位池养虾池，不断向沿海近岸排放有机物、COD、粪大肠菌群超标废水；近岸海域部分港湾网箱养殖密度过大，产业结构单一，局部养殖海域受到污染，如临高2017年10月发生了3.5×10^4 t鱼感染小瓜子虫和缺氧致死事件。

总体上，对城镇的生活污水、港口和临港工业污染以及各类养殖废水缺乏科学有效的总体规划指导、环境容量控制和污染治理，是导致近岸海洋环境退化的主要原因。

6.1.2 海洋资源衰退

（1）近海渔业资源衰退

渔民捕到的优质经济鱼种越来越少，单位产量减少，捕捞群体明显由低龄个体组成，主要渔获中的幼鱼比例居高不下，具体表现为以下三方面：①海南传统优质经济品种，诸如红鳍笛鲷、蛇鲻等少见，低值渔获比例大幅度增加。在20世纪60年代前期，海南海洋捕捞的渔获品种以红鳍笛鲷、金线鱼、绯鲤、蛇鲻等为主，其中拖网船渔获中红鳍笛鲷占有很大比例；自20世纪60年代后期，海南海洋捕捞渔获中除了红鳍笛鲷、金线鱼、绯鲤、蛇鲻等传统品种外，蓝圆鲹、马鲛鱼、小型金枪鱼、带鱼、马面鲀等游速较快的近底层和中上层鱼类也逐渐占了较大比例。目前，海洋捕捞渔获中只有蓝圆鲹、带鱼、金线鱼等可称之为优质品种。②捕捞群体明显由低龄个体组成，渔获个体越来越小。通过对海南各港口上岸渔获的调查，发现主要渔获物中幼鱼比例居高不下，不少网的渔获以幼鱼为主。另外，一些鱼类性成熟期有所提前，成熟个体偏小。③单位产量比以往有所减少。20世纪五六十年代，五六十张流刺网的日作业捕获量，现在五六百张网的日捕获量也常常难以达到。

“十二五”海南近海捕捞机动渔船和功率基本处于历史最高水平。网具数量增加，作业时间延长，以及探鱼设备的应用等都增加了捕捞强度。捕捞作业方式结构不尽合理，对资源破坏性大的渔具渔法占有较高的比重，如拖网和张网等，无形中也增加了捕捞强度。此外，渔民受“靠海吃海，子承父业”的传统观念影响，只能世代以捕捞维持生计，而且分家后由原来的一艘渔船就发展到拥有作业渔船2～3艘，再加上广东、广西的渔船违规在海南近海作业等多方面原因，导致渔船数量猛增。所有这些都给近海渔业资源造成了前所未有的压力。

海南近海底拖网渔船对海底破坏很大，破坏了鱼类的栖息环境，影响鱼类繁殖及洄游。“炸、电、毒”等违法捕鱼行为也危害着海洋生态环境。大量偷采海沙导致河床发生变化，引起生态环境剧变进而影响海洋生物的索饵或产卵。海南周边个别海域，还存在极少数渔民为追求高额利益，违反《中华人民共和国水产资源繁殖保护条例》和《机轮拖网禁渔区线》等法规条例，使用违禁网具和违禁区域捕捞现象，甚至存在外地和本地籍渔船使用电拖网等非法渔业活动，严重破坏了海洋生态与环境，导致近岸渔业捕捞强度超过资源再生能力，20 m等深线内渔业资源和近海传统渔场资源逐渐退化。

（2）保护区内典型资源退化

海南磷枪石岛珊瑚礁县级自然保护区珊瑚明显退化，覆盖率降低，补充量不足，群落多样性单一；临高白蝶贝省级自然保护区的白蝶贝资源大量减少，保护区范围内水深15 m以浅已基本没有白蝶贝分布；临高彩桥红树林县级自然保护区和儋州新英湾红树林市级自然保护区红树林群落退化，群落结构逐渐单一，且多呈单一的大面积人工林，不利于天然红树林的生长。

海南白蝶贝省级自然保护区位于海南省儋州市和临高县两市县海域。1983年，经广东省人民政府〔1983〕63号文批准，在儋州市（原儋县）和临高县沿岸水域一带划定为白蝶贝自然保护区，总面积为693.00 km^2。1997年，经海南省第一届人民代表大会常务委员会第二十八次会议批准，将保护区范围内北起兵马角沿原保护区外海边界向西南方向延伸，然后垂直拐向洋浦鼻，再由洋浦鼻向东偏北延伸与西洋村连接所包围的51.00 km^{2}海域调整出该保护区后，保护区总面积为642.00 km^2。海南白蝶贝省级自然保护区实为水产种质资源保护区，批建面积、范围过大，未划定核心区、缓冲区和实验区，没有设立专门的管理机构，人员编制和经费也没有落实，保护区的日常管护工作由属地的渔政执法机构负责，执法难度大，导致白蝶贝被酷采滥捕，保护区资源遭到严重破坏。

珊瑚礁一般位于贫营养海区，富营养化可能导致侵蚀生物增多，危及礁体的堆积速率及牢固程度。污水会影响珊瑚的生长，在有污染海域，造礁石珊瑚产卵能力及生长率明显降低。随着海南岛西部海域生态环境质量的下降，珊瑚的生长繁殖会发生退化。海洋工程的施工会直接造成挖填区珊瑚死亡，施工过程中产生的悬浮泥沙也会限制珊瑚体内虫黄藻的光合作用速率，甚至覆盖珊瑚使其窒息死亡，改变珊瑚群体的生长形态以及降低珊瑚生长率，进而影响珊瑚的分布。工程项目建成后引起的水流的改变，也可能会对珊瑚的生长分布产生一定影响。海南岛西部围填海工程的建设，势必造成珊瑚及其生态环境退化。此外，采挖珊瑚、炸鱼、毒鱼、电鱼以及抛锚、践踏、

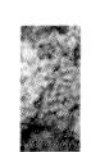

礁区海底拖网等均会对珊瑚礁造成严重的破坏。

大规模的毁林围塘养殖，造成红树林及其栖息地大规模破坏，也引起适宜红树植物本身生长的海水潮汐、盐度、酸碱度、有机物、无机物等条件改变，已经导致红树林显著退化。临高县马袅红树林在1996年时约有120.00 hm^2，为了发展种植业，如今已被砍伐将尽。

6.1.3 海岸侵蚀加剧

海南岛海岸线长1 944.35 km，按照二级类统计，海南本岛最主要的海岸线类型为砂质岸线，长度为764.61 km，占海南本岛岸线总长的39.32%，砂质海岸中有部分岸段因侵蚀而后退，在海南岛西部主要集中于洋浦半岛、澄迈湾等岸段。近年来，由于受到海平面上升和风暴潮等自然因素影响，加上海滩岩、珊瑚礁礁盘和海岸防护林被破坏，以及河流上游水坝和近岸海域人工构筑物的修建、海砂开采等不合理开发活动，海岸侵蚀有所加剧。

6.1.4 滨海旅游区环境保护力度不足

海南国际旅游岛的建设，给滨海旅游区开发建设带来了前所未有的机遇，同时也对滨海旅游区的环境保护提出更高要求。而海南岛西部在滨海旅游区环境保护方面较为滞后，环境保护力度有待加强。昌江棋子湾自然资源丰富，拥有山、海、林、田、湖、江、黎族文化等多种元素，有一定的发展滨海旅游的优势和潜力， 2016年棋子湾被国家海洋局列入第五批国家级海洋公园，但园区管理机构还未完善，基础设施落后，基本属于无人管理状态，自驾旅游多，有偷采、偷挖、偷拾、偷炊行为，对海湾原生态环境造成破坏。

6.1.5 溢油及危险品泄漏等事故防范形势严峻

随着港口、临港工业特别是石化工业快速发展，各类海洋船舶活动显著增加，海上溢油、危险化学品泄漏等污染事故时有发生，然而针对溢油、危险化学品泄漏等突发事件的应急响应能力建设却十分薄弱，2015年9月15日东方市“9・15”丙烯泄漏事故，即是化学危险物品多方操作、监管不到位所致。政府管理监督部门未能严格履行对船舶安全检查和对船舶载运危险货物安全监督的职责；对港口经营企业的管理制度不健全、员工执行操作规程不严格等问题失察，对危险作业巡查不到位，信息通报机制执行不到位。港口经营企业操作规程存在缺陷，作业人员违反操作规定，风险管控能力差。使用操作化学物品的船员安全意识淡薄，对危险品属性未掌握，未按照规程操作。所以随着大型油码头、海上钻井平台、昌江核电站的投入使用，必须加快与加强溢油、危险品泄漏、核辐射污染事故防范能力建设。

6.1.6 资金投入、法制及公众环保意识欠缺

资金投入欠缺主要表现在环保投入、基础科学研究方面投入不足，尤其是直接用于农村的污水、垃圾治理和生态建设的投入不足，环境保护基础设施建设滞后，没有与城镇建设、工业建设及其他产业建设同步进行；建省30年来，海南省环境保护基础研究取得了长足发展，但由于基础科学研究资金投入不足，科研技术成果转化、技术支撑能力薄弱，与海洋经济建设和环境保护要求存在较大差距，制约了海洋经济的可持续发展。

海南省海洋环境保护方面的法规体系尚不完善，海洋环境保护与海洋资源管理的法规、政策不够健全；缺乏综合决策、综合协调、综合执法的体制、机制，管理能力建设经费投入不足，海洋环境管理手段落后，执法能力有待提高，突发性海洋环境事故应急反应能力不足，环境监管力度仍需加强。

由于对海洋环境保护的相关法律法规宣传力度不够，公众海洋环境保护意识不强，毒鱼炸鱼、违规作业、违规倾倒废弃物等现象时有发生，部分企业和群众缺乏防治污染的主动性和自觉性。

6.2 治理原则

以邓小平理论、“三个代表”重要思想、科学发展观、习近平新时代中国特色社会主义思想为行动指南，坚持陆海统筹，强化环境监管，把海洋环境保护与海洋功能区管理紧密地结合起来，合理利用海洋资源，有效保护海洋生态环境，加强海洋污染

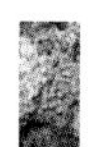

防治和海洋生态保护与恢复，推动沿海经济发展方式转变，引导沿海经济健康发展，减轻海洋环境压力，实现海南省海洋经济与社会事业全面、协调及可持续发展。

6.2.1 生态优先、保护环境原则

以海南岛西部沿海可持续发展的生态安全需求指导海洋环境保护和生态建设，坚持生态优先，实行保护性开发，把建设生态文明、保护生态环境、节约能源资源放在经济社会发展的首要位置，牢固树立生态文明理念，珍惜得天独厚的生态环境优势，形成资源节约型和环境友好型的产业结构、发展方式和消费模式，实现用最小的资源消耗和环境代价换取最大的发展效益。

6.2.2 陆海统筹、海陆联动原则

陆海统筹、海陆联动，加强对陆源污染和海上污染的监督管理，完善以控制污染物排海总量为基础的海洋污染综合防治对策，有效控制近岸海域环境污染。

6.2.3 污染防治与保护并重原则

实施“以防为主，防治结合，因地制宜，综合治理”的方针。采取有效措施和办法，预防污染事件以及其他损害事件的发生，遏制海洋环境质量下降，维护海洋生态平衡。

6.2.4 统筹兼顾、衔接协调原则

以“多规合一”为引领，守住“生态红线”，坚持因地制宜、统筹兼顾，各部门的相关规划计划与《海南省海洋主体功能区划》相衔接，优势互补，兼容并蓄，集成配套，兼顾近期目标和中长期目标的实现。

6.2.5 突出重点、因地制宜原则

坚持生态需求与社会接受能力相结合，突出海域主导功能的恢复和保护，实施分类指导、分级管理、分步实施及分市县推进，因地制宜采取污染防治与生态建设、生态保护及综合治理等措施。

6.2.6 科技支撑、突出创新原则

注重集成优势科技力量、科技手段、科技资金和相关技术，攻克海南省海洋环境保护面临的关键性科学技术问题，示范推广，带动全局。应用新技术、新方法、新理论，改变环境和资源利用方式，提高海洋生态环境保护水平。

6.2.7 广泛参与、明确责任原则

动员全社会积极参与海域资源环境保护监督，严格督查落实企业海洋环境保护主要责任，突出地方政府海洋资源环境保护主体责任；构建政府主导，企业主体，社会组织和公众参与的治理体系。

6.3 主要任务

6.3.1 执行功能区区划

严格落实《海南省总体规划》和《海南省海洋主体功能区划》，根据确定的海域使用管理要求、海洋环境保护要求，以及优化、重点、限制、禁止开发区域的海域管控要求，论证资源环境承载力，明确海域开发方向、控制开发强度、规范开发秩序，构建陆海统筹、人海和谐的海洋空间开发格局，实现“面上保护，点上开发”目标。

6.3.2 严守生态红线

科学合理划定海洋生态保护红线，将重点海湾、海洋保护区、重点河口区域、重要滨海湿地、重要砂质岸线、重要渔业海域等生态敏感和脆弱区域纳入生态保护红线，全面完成生态保护红线划定、勘界定标，建立生态保护红线制度。严格执行国家和省海洋生态保护红线管理制度，生态保护红线范围内全面禁止围填海建设活动及破坏生态和污染环境的建设项目，严控生产空间挤占生态空间，确保生态功能不降低、面积不减少、性质不改变。依据不同区域主体功能定位，制定差异化的生态环境保护目标，建立健全海洋生态红线监测网络和监管平台，对海南岛西部生态保护红线保护成效进行监测评价、保护治理与考核评审，严格落实生态保护红线管控措施。

6.3.3 控制污染源

根据《海南省海洋功能区划》、《中华人民共和国国家标准海水水质标准》（GB 3097—1997）、《中华人民共和国国家标准海洋沉积物质量》（GB 18668—2002）、《中华人民共和国国家标准海洋生物质量》（GB 18421—2001）等，按海洋功能区确定各区海洋环境质量目标，有针对性地进行控制，并注意从陆源污染和海域污染两个方面实施有效控制措施。

（1）控制陆源污染

控制沿海城镇生活污染源，强化海南岛西部沿海城镇污水处理厂入海污染物减排和治理。加强对污水处理厂运营单位的管理，进一步提高沿海城镇污水处理脱磷、脱氮能力，在有条件的区域实施污水达标处理后离岸深水排放，禁止未达标污水排入近岸海域。已建污水处理厂氨氮、总磷不能稳定达标排放的，应限期完成整改，实现污水稳定达标排放。

控制沿海工业污染源，优先发展高新技术产业，集约发展、集中布局新型工业，严格环保能耗要求，促进企业加快升级改造，大力发展循环经济、推行清洁生产，推进循环经济示范园区建设。依据区域资源环境承载能力，确定造纸、制革、印染、焦化、炼硫、炼砷、炼油、电镀及农药等行业规模限值；建立重污染产能退出和过剩产能化解机制；重化工业严格限定在洋浦、东方工业区，其他工业项目集中布局在现有工业园区。企业应采用先进的生产工艺和技术手段，提高水的重复利用率，严格控制工业废水及水污染物排放总量；加强涉海工业园区的环境管理，努力培育生态产业链。严格执行区域性用海规划的海域使用论证、海洋环境影响评价制度和环境保护基础设施三同时制度，鼓励产业废水集中处理，推行中水回用技术；建立产污强度准入制度，严格新建项目环境准入。向无机氮、活性磷酸盐、重金属、石油类超标的海域排放污染物的新建项目，要落实污染物排放总量控制或削减方案，实施限排措施；强化直排海工业点源控制和管理，确保新建工业企业的废水稳定达标排放。2020年前完成对沿海工业开发区和工业企业排污口的评估与清理，规范海洋排污口的设置与管理，开展排污许可证管理制度改革，核发所有固定污染源的排污许可证，有效运转排污许可证管理信息平台。

控制沿海农业面源污染，推广应用生态化面源污染治理技术、农村垃圾资源化利用技术。在沿海农村推广建设人工湿地以净化污水，加快建立沿海村镇“户分类、村收集、乡镇转运、市县处置”的城乡统筹垃圾处理模式，进一步推广新型农药、有机肥、复混肥的使用；加强沿海城镇畜禽养殖业污染防治，推广生态养殖技术，促进畜禽养殖废物的资源化，继续加强沼气工程建设，推进大中型沼气和集中供气工程建设；实施生态养殖，防治海水养殖污染，积极调整养殖结构和布局，大力推广生态养殖技术，科学发展抗风浪深水网箱养殖，积极开展低位池改造，加强高位池养殖废水治理。

控制滨海旅游区的污染，推进滨海旅游区的环境保护基础设施建设。在滨海旅游区设置垃圾分类收集与处理设备，配备环保型公厕、垃圾收集装置和简便污水处理设施；鼓励使用清洁型交通工具，鼓励推行中水回用技术；加强滨海旅游区的环境保护，推行绿色酒店消费模式，减少用水和一次性用品使用量，强化排污设施使用的监管，加强滨海旅游区沿岸防风林、海滩的保护，严格控制滨海高尔夫球场的农药和化肥用量。

（2）控制海域污染

加强港口环保基础设施和应急能力建设，完善港口船舶油污水、生活污水和固体废物的接收处理设施，建立健全涉海污染事故应急体系。港口环保设施要与港口建设同步规划、同步实施、同步发展。港口、码头、装卸站和船舶必须编制溢油污染应急计划，开展污染风险评估，并配备与其污染风险相适应的溢油应急力量。各级政府应采取积极措施，根据各类港口建设需要，采取多种融资渠道，建设集约化的综合性船舶污染物接收处理设施和污染应急设备库，并建立专业污染应急队伍；强化船舶相关作业活动的监督管理，防止船舶及相关作业活动违法向海洋排放油类、油性混合物，含油污水及其他污水，船舶垃圾、废弃物和其他有毒有害物质；强化港口环境的监管、监测，根据港口规模、性质和污染程度，设置环境保护监测站（点）。

加强对渔港、渔船的监督管理。中型和大型渔船要安装油水分离装置，实现油污水达标排放；小型渔船的含油废水要实现统一接收上岸，集中处理后达标排放。渔业船舶应强制使用生活垃圾回收袋，禁止随意向渔港和渔业水域中倾倒垃圾、废旧鱼箱

等废弃物。新建渔港工程要同步建设废水、废油、废渣回收与处理装置，满足渔船油污水等的接收处理要求。渔港应设置生活垃圾接收处理设施和设备，实现集中统一处理。强化港区的监督管理，禁止在港区排放未达标的污水。

加强对海洋工程项目的监管。新建海洋工程项目应严格执行《防治海洋工程建设项目污染损害海洋环境管理条例》等有关海洋污染管理的法律法规，严格执行海洋环境影响评价制度及环境保护设施三同时制度。实行海上排污许可证制度和收费制度，加强对海上流动污染源的管理。认真落实围填海年度计划管理制度。

严格执行《中华人民共和国海洋倾废管理条例》，加强海洋倾倒区的监测、监督与管理，严格执行倾倒区科学论证和审批程序，依法申报和批准废弃物海洋倾倒。严格管理海洋倾废活动，将倾废活动严格限制在已划定的海洋倾倒区内。加强海上倾倒区的监督管理和执法监察，对海上倾倒活动实施跟踪监测，对海上倾倒区实施可利用程度的评估。加强政策引导，鼓励企业采取清洁生产工艺，减少废弃物产生数量，采取多种废弃物处置方式。

防控海上油气勘探及海上石油平台污染，加强油气勘探开发区的监督监测，建立海上油气勘探和油气开发含油污水处理系统、排污监控系统及油污染应急响应系统，完善残油、废油回收设施以及垃圾粉碎设备。

6.3.4 加强海洋工程管治

按照保护优先、适度开发、陆海统筹、节约利用的原则，严格控制围填海活动对海洋生态环境的不利影响，实现围填海经济效益、社会效益、生态效益相统一。要严格控制总量，依法科学配置，集约节约利用，严格落实生态保护红线的管控要求，强化监管，对各类违规违法行为要追究责任。

首先，强化围填海的规划计划管理，根据国民经济发展需求、资源禀赋和环境容量，确定围填海总量控制目标和全省围填海适宜区域，对围填海的规模、布局和时序，科学制订围填海计划，并在国家下达的围填海年度计划指标内统筹安排围填海项目；其次，实施围填海限批，除国家和省重大基础设施、重大民生项目和重点海域生态整治修复项目外，严禁围填海。海洋生态保护红线区范围内全面禁止围填海。

针对围填海项目存在的违规违法问题，要求落实整改。一方面对违规违法行为进行严肃查处；另一方面对局部生态环境造成明显影响或破坏的围填海项目，开展环境影响后评价，制订整治修复方案，按照“谁破坏、谁修复”的原则，在科学评估的基础上，督促开展整治修复工作。

加强围填海项目用海审核管理，严把审批关，一是加强围填海项目海域使用的论证，严格审查项目用海的必要性、与海洋功能区划等相关规划的符合性、项目用海的合理性等；二是优化围填海工程平面设计，坚持保护自然岸线，控制人工岸线，增加项目用海面积控制指标和围填海工程生态用海的审查，严控项目用海面积和占用岸线长度，在科学研究和论证的基础上，大力推动围填海项目向湾外拓展，鼓励建设离岸人工岛群；三是加强围填海项目的海洋环境影响评价，严格审查项目用海对海洋环境、海洋资源、邻近海域功能和其他开发利用活动可能造成的影响，进行综合分析、预测和评估，采取有效生态保护措施，防止围填海项目破坏海洋及海岸生态环境；四是加强和规范海洋环评和海域论证报告质量的监管，逐步建立环评和论证单位守信激励、失信淘汰机制，严格执行围填海项目海洋环评报告的公示、征求意见和听证制度；五是严格海洋环评、海域论证报告评审，完善专家评审程序、标准和评审专家随机抽取制度。

6.3.5 实施海洋生态保护与恢复

（1）完善海洋保护区建设

加强昌江棋子湾国家级海洋公园、海南白蝶贝省级自然保护区、儋州新英湾红树林市级自然保护区、临高彩桥红树林县级自然保护区和海南磷枪石岛珊瑚礁自然保护区等现有海洋保护区的建设与管理。组织开展保护区的资源调查，科学编制（修编）保护区总体规划，明确保护区范围、分区和管控要求，依据总体规划对保护区内的建设和开发活动进行严格管理。进一步完善海洋保护区的法规体系、可持续财政投入政策，设立海洋保护区管理站，建立健全各级管理机构，加强人员、基础设施、科研、监测、宣传教育、生态旅游、社区共管等方面的建设，增强保护区管护能力。强化自然保护区综合管理考核评估，争取国家级海洋保护区综合管理水平达到优等次，省级

海洋保护区管理工作评估均达良好以上，市县级海洋保护区管理工作评估均达到合格以上。

严格海洋自然保护区管理，认真贯彻落实《国务院办公厅关于做好自然保护区管理有关工作的通知》（国办发〔2010〕63号），正确处理好海洋保护区与海洋资源开发的关系，切实加强海洋自然保护区的管理。确因保护和管理及国家重大工程建设需要，必须对自然保护区进行调整的，应进行深入调查和科学论证，从严控制缩小自然保护区及其核心区、缓冲区的范围，确保自然保护区的功能不变。

新建一批海洋特别保护区。根据自然资源特征，通过严格科学论证，在有条件的区域分期规划和建设一批多层次的具有保护价值的海洋典型生态系统、珍稀濒危物种、自然遗迹与自然景观等海洋特别保护区，使具有保护价值的珊瑚礁、海草床、红树林湿地及重要海洋生物物种、自然遗迹、人类活动历史遗迹、地质地貌自然景观得到保护。

制定全省海洋自然保护区和海洋特别保护区总体规划，科学规划海洋保护区布局。经优化调整和新建海洋保护区后，使85%的国家重点保护野生动植物和95%的典型生态系统得到有效保护。

（2）加强重要海洋生态系统的保护

加强对红树林湿地、珊瑚礁、海草床等重要典型海洋生态系统的保护，严格查处盗采珊瑚礁、破坏红树林行为以及电鱼、炸鱼、毒鱼等不合理的渔业生产方式；推行生态旅游开发促保护的模式，保护珊瑚礁等天然鱼礁；严格控制红树林区内的养殖及珊瑚礁、海草生长区的围填海活动；因地制宜地开展红树林种植、珊瑚礁移植、海草移植等生态修复工程，营造滨海红树林湿地、水下珊瑚礁、海草床景观，保护海洋生物多样性。

保护海洋生物资源，保护重要海洋渔业资源的产卵场、孵育场和重要海洋珍稀、濒危物种，重点保护海南海域栖息的12种《濒危野生动植物种国际贸易公约》附录保护物种和10种国家级重点保护物种，以及中国鲎、法螺、梅花参等珍稀濒危物种；控制浅海区域渔业捕捞强度，推广准用渔具目录网具；通过在沿海重点海域实施生物资源增殖、放流，保护、恢复20 m水深以浅海域重要海洋生物繁育场；以临高人工鱼礁建设为示范，选择合适海域建设人工鱼礁区，保护和恢复重点海域和重要港湾的渔业资源，积极发展休闲渔业。

（3）加强对海岛生态系统的保护

编制海南省海岛保护和利用规划，建立海南省海岛分类、分区保护体系，对各类海岛提出保护、管理要求及具体措施。单个海岛开发前由所在市县地方政府根据单岛保护和利用规划，确定单岛的保护对象，划定保护区域，提出保护要求和保护措施。开展海岛保护规划的编制工作，尤其要重视对单个无居民海岛的单岛保护和利用规划的编制工作，根据规划实施海岛的保护工作。对无居民海岛实行“先保护、后开发”。

采取有效措施保护海南岛西部的深石礁、感恩角、四更沙角和峻壁角4个国家领海基点岛屿及周边海域形态的完整，禁止在领海基点保护范围内进行工程建设以及其他可能改变该区地形、地貌的活动。

加强对有居民海岛开发活动的引导，海岛开发实行统一规划。在有居民海岛及其周边海域应当划定禁止开发、限制开发区域，严格控制有居民海岛开发强度，加强海岛生态建设与保护，强化海岛环境综合整治，防止海岛植被退化和生物多样性降低。

加快海岛地方立法，依法保护海岛及其周边海域生态系统。国家及地方政府应安排海岛保护专项资金，用于海岛的保护、生态修复和科学研究活动。

（4）加强对海岸生态系统的保护

实施“蓝色海湾”工程，建设海岸生态隔离带，保护及恢复海岸景观和生态功能。在沿海各地因地制宜地建立海岸生态隔离带，强化海岸生态建设；加强对海岸侵蚀地带的防护，开展海岸侵蚀监测；严禁岸滩采砂，科学设计、慎重选择入海河口上游护岸工程。

加强对岸线的保护，立足整体协调和可持续发展，根据相关规划合理使用岸线并预留发展空间；合理布局浅海滩涂养殖区，严格管理海岸工程开发建设活动；合理规划布局海岸工程设施，保留足够的海防林建设用地；建设海岸防潮减灾生态护岸工程，建立符合国家规定标准的防洪防潮工程体系。

全面实施海岸带开发规划管控，实行岸线分级分类管理，建立海岸带管理责任制，对海岸带保护开发、海岸带防护设施建设、填海造地用海等实施动态管理。

实施退塘还林（湿），对退塘还林（湿）工作任务范围内正当养殖塘的建设和经营成本等进行客观、科学评估，并给予退塘还林（湿）者适当经济补偿。深入推进海南省“多规合一”划为林地的沿海防护林带范围内的退塘还林和适宜恢复为湿地的区域范围内的退塘还湿工作，不断优化防护林带的结构和功能，尤其是红树林湿地生态恢复和功能提升，研究红树人工林与乡土群落恢复技术，解决互花米草入侵、无瓣海桑人工林以及乡土树种群落正向演替问题，构建人类活动影响下红树林等典型滨海湿地的安全调控模式与综合管理范式，着力构筑全省海岸生态安全屏障，保护海岸生态。

6.3.6 重点区域海洋环境综合整治

（1）加强重点港湾环境综合治理

选择洋浦湾（包括新英湾）等重点港湾实施综合治理，通过加大周边城镇生活污水处理厂和截污管网的建设，强化工业污染、船舶污染及港湾养殖污染的防治和监管，加强港口环境污染事故应急处置能力建设，实施岸滩防护、生态修复工程，改善和恢复海洋生态环境，实现区域生态系统的良性循环。

（2）加强主要河口环境综合治理

选择昌化江口等主要河口实施综合治理，通过削减和控制入海污染物总量，加强各入海河流污染源的排污监控和监测，恢复河流的自然生态功能，改善入海河口地区水环境质量状况。

（3）加强潟湖生态环境综合治理

规划期间选择洋浦港、东水港等重要潟湖实施综合治理，通过严格控制入海污染物排放、围填海项目建设，严格限制陆源排污口的设置，加强海水养殖的污染防治、监测，积极发展一批具有潟湖特色的海洋旅游景区，实施潟湖生态环境综合治理工程，改善潟湖生态环境，实现潟湖海洋资源的可持续综合利用。

6.3.7 海洋环境监管能力建设

（1）海洋环境监测监控能力建设

进一步完善省级海洋环境监测机构能力建设，强化沿海市县常规监测能力，实现海洋环境监测标准化、系统化。建立以船舶、海床基、遥感、飞机、雷达、卫星等多种监测技术集成的技术立体化体系，实现立体生态环境监测。

进一步完善海洋环境监测任务，优化和完善监测区域、监测站点和监测项目；增加海南岛西部珊瑚、海草、红树林生态监控区；积极开展海南岛西部沿海主要直排口、混排口、入海河口、市政下水口的一体化监测；增加海南岛西部养殖区水质监测站点监测频率，建设重点港湾重要陆源入海口水质实时在线自动监测系统。建成“点面结合”的海洋环境监测网络，“均衡分布、全面覆盖、突出重点”， 最终形成有效覆盖全省海域的资源环境监测网络和海洋灾害监测监视网络，全面提升海洋环境监测能力和对突发性事件的应急处理能力，对海南省管辖海域海洋资源环境、赤潮灾害、重大海洋污染事故实施有效的监测监视。

（2）海洋灾害预报预警能力建设

加强赤潮灾害跟踪监测与预警预报体系建设，制订赤潮监测、监视、预报、预警及应急方案，在海南岛西部重点近岸海域、水产养殖区和江河入海口水域布设日常监测点，开展高频率、高密度、定期的监视监测，建立赤潮自动监测系统和信息网络，加强海洋、气象、水文等行业部门专业预警预报机构间的合作，提高赤潮灾害应急响应能力和赤潮早期预警能力。

加强海洋环境预警预报能力建设，开展海洋灾害（风暴潮、海浪、海啸等）预警预报，加强人才培养，提升海洋灾害监测预警能力，开展海洋灾害风险评估和区划，全面核定沿岸防潮警戒水位，提高公众的海洋防灾减灾意识，缩短灾害应急反应时间。

（3）海洋环境保护行政执法能力建设

进一步完善海洋环境法规体系，在海洋资源开发管理、海洋生态补偿等方面建立相关法律法规，完善海洋生态环境保护责任制和问责制。坚持依法行政，加大对破坏

海洋生态环境行为的惩处力度。重点开展海洋生态环境保护、入海污染源控制和建设项目环境保护“三同时”的执法监督，加强海洋司法鉴定、环境行政处罚和复议工作，把海洋生态环境保护纳入经济社会发展综合评价体系和领导干部综合考核评价体系。

加强海洋环境保护联合执法、协同行动的能力，重点加强海陆污染源和海洋生态保护监察能力建设，提高海洋环境保护行政执法的管理水平和力度；应用先进的技术手段，全面提高海南省海洋环境保护行政执法能力。

（4）海洋环境信息与决策支持系统建设

建立海洋环境信息基础数据库，包括海岛海岸带调查资料的标准化处理和数据库建设，以及海洋自然环境基础数据、自然资源和经济数据、海洋基础地理数据、海洋卫星遥感数据、海洋科技文献、海洋科研基础信息、海洋生物标本和海洋法规八大类信息资源的整合和数据库建设。

建立安全、高效的海洋数据交换共享平台，包括海南省近岸海域自然地理概况、海洋环境状况、海洋资源状况、海洋保护区现状、海洋政策法规、海洋管理、海洋产业状况等的海洋环境地理信息平台，获取不同比例尺的基础地理信息数字产品，定期发布包括基础数据和数据产品、预报服务、信息产品、元数据、渔业资源数据等在内的各类海洋科学数据。

建立海洋环境保护综合管理系统。利用浮标、海床基、遥感、飞机以及常规监测等手段获取的海洋环境监视监测信息，结合海洋环境背景场信息、海洋生态背景场信息以及海洋倾废、排污、溢油等主要海洋污染事件信息，建立海洋环境保护综合管理系统，制作各类信息产品，逐步实现陆源排污实时监控和预报预警，实现对海洋生态监控区、赤潮监控区、海洋倾废、突发性海洋灾害事件、海洋工程等的实时监控。

（5）海洋环境保护技术研究建设

加大对海南省海洋环境关键性、基础性科学问题研究的支持力度，研究海洋系统碳汇、典型滨海湿地生态恢复与生态系统功能提升技术；开展近海典型海区生物多样性研究与保护技术研究，阐明典型海洋生态系统食物产出过程与生态环境效益；开展多营养层次生物资源承载力评估；阐明人类活动对生态系统结构与功能的影响；开展近海生物资源养护与退化水域生态修复基础研究与技术研发；研发立体化海洋环境与生态灾害监视监测、预报预警与应急处置技术等重大科学技术攻关，为海洋生态系统的保护和海洋资源的可持续利用提供更有力的科技支撑。重视海洋环境保护科技的转化与应用，建立海洋环保技术服务体系，积极推广海洋环保科研成果；加快海洋高新技术产业化建设，促进环保科技的转化与应用；深化海洋环境科技体制改革，增强海洋环境科技活力，不断提高海洋环境科技水平和服务能力。

（6）海洋环境突发事故应急能力建设

建立海上溢油、核污染和有毒有害化学品事故的应急预警监测体系。要满足洋浦经济开发区、东方工业区、昌江核电等临海产业重大项目建设发展需要，建立海上重大污染事故应急预警监测系统，提升对核污染、海上溢油、有毒有害化学品泄漏等重大灾害及突发事件的跟踪监测、监视和预警能力。

建立海上溢油等重大污染事故应急处理体系。制定全省、各沿海市县防治船舶及其有关作业活动污染海洋环境应急能力建设规划及应急预案，以及昌江核电站和洋浦、东方、昌江、老城等临港工业区环境应急预案，建立应急响应机制和支持信息系统。

（7）建立健全生态补偿机制

建立生态保护红线区域生态补偿制度，坚持“谁开发、谁保护，谁受益、谁补偿”原则，研究制定海洋生态补偿管理办法，对开发利用海洋资源造成的海洋生态系统服务价值下降、生物资源价值损失和生态环境质量下降，采取工程性补偿或者缴纳生态补偿金的方式实施海洋生态补偿。探索建立生态保护红线区绩效奖励激励机制。建立生态保护成效与生态保护补偿分配相挂钩机制，将生态保护补偿机制建设工作成效纳入地方政府的绩效考核。创新补偿资金投融资机制。积极引入市场化、社会化手段，多渠道筹措补偿资金，吸纳社会资本投入生态保护与恢复，逐步形成政府主导、市场推动、社会参与的生态补偿投融资机制。

（8）海洋环境保护人才培养建设

海南省各级海洋管理职能部门要加强管理人才、专业技术人才和执法人才队伍建设，包括引进和培养海洋环境保护和海洋生态产业领域的专业人才，建立海洋环境领

域的专家库，组建海洋环境保护专家咨询队伍，培训基层干部；建立科学的考核、评价制度和激励机制，提高环保人才队伍整体素质。

6.3.8 监测预警长效机制预研

（1）构建完善资源环境承载力监测预警体系

在海洋空间资源、海洋渔业资源、海洋生态环境资源和海岛资源等领域，构建科学可行的资源环境承载力评价指标体系，要以《海南省海洋主体功能区划》确定的各类海洋主体功能区为基本评价单元进行海域全覆盖定期评价，并在已有的监测网络基础上，增加监测指标和要素，海陆统筹，将资源环境承载力监测预警工作常态化，完善资源环境承载力监测预警体系。

（2）研究建立资源环境承载力监测预警管理机制

根据资源环境承载力状况、超载不同类型及超载原因，制定资源环境超载区域管理细则，强化监督落实。针对污染物排放超标引起的超载区域，要制定产业准入限制性政策，严控不达标排放。针对海洋渔业资源承载力超载，应贯彻落实缩减近海捕捞强度、严格执行休渔制度、严格管控渔具准用目录等相关方面政策。并进一步提出改善目标，明确资源环境达标任务的时间表和路线图。

（3）建立资源环境超载追责制度

企业或个人违规违法操作，未按照生态保护与科学发展要求，造成海洋环境、渔业资源、生物多样性、典型生态系统等海洋资源环境损害的行为，实行生态环境损害责任终身追究制。

建立并实施“湾长制”和“河长制”，明确分工、分级管控，形成陆海统筹、河海兼顾，责任清晰的管制局面。对行政不作为、乱作为以及违规违纪、失职渎职的领导干部，实施终身追责处罚。

把资源消耗、环境损害、生态效益等指标纳入经济社会发展综合评价体系，大幅增加考核权重；探索编制自然资源资产负债表，对领导干部实行自然资源资产和环境责任离任审计。

6.4 保障措施

6.4.1 加强法规和规章制度建设

制定和完善切合海南省实际的海洋环境保护配套法规及规章，推进海南省海洋资源开发管理、海洋生态补偿、海洋特别保护区管理等相关海洋资源环境保护方面的立法工作。

健全和完善海洋环境保护的各项制度，建立生态修复制度、临海或涉海工业企业环境准入制度，研究建立重点海湾污染物排放总量控制制度，完善海洋、海岸工程以及涉海区域建设项目环境影响评价配套制度建设，制定不同行业用海、排污控制指标以及建设用围填海计划指标。

建立健全陆海共治的管理制度，建立海洋环境保护信息通报、污染事故处理以及海洋环境保护联合执法等工作机制体制，解决涉及多部门的海洋环境保护重大问题；统筹推进“湾长制”和“河长制”的有效衔接，解决陆源污染、跨界污染问题。

6.4.2 加强职能部门协调与合作

首先，确立政府的主体责任；其次，建立跨部门的海洋环境保护协调机构，强化协调机构的综合决策与协调作用，明确责任主体部门，确保权责一致，理顺部门职能分工，落实本职工作，坚持一件事原则由一个部门负责，确需多个部门管理的事项，要明确牵头部门，分清主次责任与配合任务。加强沿海各级政府和涉海管理部门的分工合作、区域协调，有效解决跨行政区域、跨海域的海洋环境保护问题。

6.4.3 加大海洋环保投入

各级政府应加大海洋环保投入，强化政府在海洋环境保护和生态建设投资中的主导地位，将《海南省总体规划》制定的海洋环境保护及修复计划纳入分年度财政预算。沿海地方各级政府和涉海管理部门要把海洋环境保护作为重要内容列入国民经济和社会发展规划及计划，将污染源控制、海洋生态保护与恢复、重点区域海洋环境综合整治、海洋环境监管能力建设确定的主要任务落实到相关部门，将重点建设项目纳入沿海各级政府的投资计划。

拓宽海洋环保资金来源渠道。采用海域使用金、排污费、税收、生态补偿、罚款等多种经济手段实施海洋环境保护与生态建设。坚持“污染者付费、利用者补偿、开发者保护、破坏者恢复”的原则，拓宽海洋环保资金来源渠道。各级海洋行政主管部门应积极申报年度中央分成海域使用金支出项目，沿海市县政府应积极投入配套资金，加快实施海洋环境保护重点工程项目。

鼓励社会资金投入发展海洋环保产业。按照“排污收费高于治理成本”的原则，增强工业企业治理污染的主动性，引导工业企业积极发展海洋环保产业。积极争取境外、国际上对海洋环保事业的专项资金、财政援助、优惠贷款、赠款，吸引海外组织和国际团体建立海洋生态环境基金，促使相关单位积极增加投入，形成可持续的财政机制。

6.4.4 鼓励与发展海洋环保科技创新

加大科研力度，充分利用全省海洋科研机构、高等院校的力量，加大科研力度，建立海洋环保技术产业化基地和示范试验区；积极培养海洋环保与建设各类专业人员，不断提高其业务素质和技术水平；积极推广海洋环保科研成果，建立海洋环保技术服务体系和网络，实现信息共享；充分利用现代高新技术，重视关键技术的突破和创新，推进海洋产业结构转型升级，积极发展临海或涉海新型工业和高新技术产业，引导海洋经济发展由总量增长向注重质量和可持续发展转变。

推广资源循环利用技术，开展资源综合利用，鼓励和支持具备条件的城市区域开展中水回用管网建设试点，积极开展沿海城镇畜禽养殖废弃物的综合利用，推广高位池封闭循环水生态养殖技术。大力倡导与推行循环经济，推进昌江国家级循环经济工业区循环经济试点建设，逐步在海口、三亚等沿海市县及洋浦、老城等工业开发区开展创建循环经济示范园区和示范企业活动。

6.4.5 加强海洋环境保护宣传教育工作

开展海洋环境保护普法教育和警示教育，增强公众海洋环境保护法制观念和维权意识，把海洋环境保护的法律法规和有关知识，纳入沿海各级政府干部轮训的重要内容。沿海乡镇要积极组织村民开展海洋环境保护宣传教育，各级政府和有关部门要开展多层次、全方位、形式多样的海洋环境保护宣传，提高全民的海洋环保意识和参与意识。积极开展“世界湿地日”、“世界地球日”、“世界环境日”、“世界海洋日”等海洋环境保护宣传活动。

海洋生态环境保护关键在于社会的广泛关注和全民参与，充分发挥海南省海洋文化学会、海南省海洋环境保护协会、三亚蓝丝带海洋保护协会等社会公益团体和各种新闻媒介的作用，通过宣传教育，制定激励政策，鼓励公众参与海洋环境保护的监督管理。

6.4.6　加强海洋环境保护的国际合作

积极与国际组织和有关国家开展海洋环境保护领域的国际交流与合作。抓住“一带一路”建设机遇，依托全国最好的生态环境和区位优势，开展海南与东盟国家合作项目，继续开展好“中越联合增殖放流”项目，该项目掀开了中越渔业合作的新篇章，也为中国-东盟海上合作和“一带一路”建设做出了积极贡献。继续做好“中国南部沿海生物多样性管理项目”海南示范区的建设管理示范工作，推进海南省有关海洋环境保护领域国际合作项目的研究和实施。争取利用国外的资金和先进的技术开展海洋科学研究、海洋环境治理和恢复，继续推动“中德合作项目”，在研究清楚生态系统退化机制的基础上，研究建立一批海洋环境污染治理的示范工程，在合作中锻炼和培养人才，提高海洋环境科学研究水平。

附录
调查区域常见生物名录

附录1 浮游植物名录

	中文名	拉丁文名	临高		儋州		昌江	
			秋季	春季	秋季	春季	秋季	春季
	翼茧形藻	*Amphiprora alata*						√
	格氏双眉藻	*Amphora graeffii*			√			
	日本星杆藻	*Asterionella japonica*	√		√		√	
	奇异棍形藻	*Bacillaria paradoxa*	√	√	√	√	√	√
	丛毛辐杆藻	*Bacteriastrum comosum* var. *comosum*		√			√	
	优美辐杆藻	*Bacteriastrum delicatulum*		√	√	√	√	√
	透明辐杆藻	*Bacteriastrum hyalinum* var. *hyalinum*	√	√	√		√	
	变异辐杆藻	*Bacteriastrum varians*			√		√	
	钟状中鼓藻	*Bellerochea horologicalis*	√		√		√	√
	锤状中鼓藻	*Bellerochea malleus*	√					
	美丽盒形藻	*Biddulphia biddulphiana*	√					
	活动盒形藻	*Biddulphia mobiliensis*	√		√		√	√
	高盒形藻	*Biddulphia regia*	√	√	√	√	√	
	中华盒形藻	*Biddulphia sinensis*	√	√	√	√	√	√
硅藻门	大洋角管藻	*Cerataulina pelagica*			√		√	
	窄隙角毛藻	*Chaetoceros affinis* var. *affinis*	√	√	√	√	√	√
	短孢角毛藻	*Chaetoceros brevis*			√			
	发状角毛藻	*Chaetoceros crinitus*	√		√		√	
	旋链角毛藻	*Chaetoceros curvisetus*	√	√	√	√	√	√
	柔弱角毛藻	*Chaetoceros debilis*			√	√	√	
	异角角毛藻	*Chaetoceros diversus*			√		√	
	粗股角毛藻	*Chaetoceros femur* var. *femur*				√		
	印度角毛藻	*Chaetoceros indicus*					√	
	垂缘角毛藻	*Chaetoceros laciniosus*					√	
	平滑角毛藻	*Chaetoceros laevis*		√		√	√	√
	劳氏角毛藻	*Chaetoceros lorenzianus*	√	√	√	√	√	√
	牟氏角毛藻	*Chaetoceros muelleri*		√			√	
	拟旋链角毛藻	*Chaetoceros pseudocurvisetus*			√		√	
	暹罗角毛藻	*Chaetoceros siamense*					√	

	中文名	拉丁文名	临高		儋州		昌江	
			秋季	春季	秋季	春季	秋季	春季
硅藻门	圆柱角毛藻	*Chaetoceros teres*		√	√	√	√	
	双凹梯形藻	*Climacodium biconcavum*	√	√	√	√	√	
	宽梯形藻	*Climacodium frauenfeldianum*	√		√		√	
	串珠梯楔藻	*Climacosphenia moniligera*		√		√		√
	盾卵形藻原变种	*Cocconeis scutellum* var. *scutellum*				√	√	
	蛇目圆筛藻	*Coscinodiscus argus*	√	√	√	√		
	星脐圆筛藻	*Coscinodiscus asteromphalus* var. *asteromphalus*	√	√	√	√	√	√
	有翼圆筛藻	*Coscinodiscus bipartitus*	√	√			√	
	中心圆筛藻	*Coscinodiscus centralis*	√	√	√	√	√	√
	整齐圆筛藻	*Coscinodiscus concinnus*		√				
	弓束圆筛藻小形变种	*Coscinodiscus curvatulus* var. *minor*			√			
	巨圆筛藻	*Coscinodiscus gigas* var. *gigas*	√	√	√	√	√	√
	格氏圆筛藻	*Coscinodiscus granii*	√		√			√
	琼氏圆筛藻	*Coscinodiscus jonesianus*	√	√	√	√	√	√
	虹彩圆筛藻	*Coscinodiscus oculus-iridis*	√	√	√	√	√	√
	圆筛藻	*Coscinodiscus* spp.	√	√	√	√	√	√
	细弱圆筛藻	*Coscinodiscus subtilis* var. *subtilis*			√			
	苏里圆筛藻	*Coscinodiscus thorii*	√					
	筛链藻	*Coscinosira* spp.			√			
	微小小环藻	*Cyclotella caspia*	√			√		√
	条纹小环藻	*Cyclotella striata* var. *striata*	√		√			
	蜂腰双壁藻原变种	*Diploneis bombus* var. *bombus*	√				√	
	布氏双尾藻	*Ditylum brightwellii*	√		√		√	
	太阳双尾藻	*Ditylum Sol*	√	√	√		√	√
	长角弯角藻	*Eucampia cornuta*			√		√	
	短角弯角藻	*Eucampia zoodiacus*	√	√	√	√	√	√
	脆杆藻	*Fragilaria* sp.			√		√	
	海生斑条藻	*Grammatophora marina*	√				√	
	薄壁几内亚藻	*Guinardia flaccida*	√	√		√		√
	波罗的海布纹藻原变种	*Gyrosigma balticum* var. *balticum*	√		√	√	√	√
	霍氏半管藻	*Hemiaulus heuckii*		√	√	√		√

	中文名	拉丁文名	临高		儋州		昌江	
			秋季	春季	秋季	春季	秋季	春季
	膜质半管藻	*Hemiaulus membranaceus*	√		√		√	
	中华半管藻	*Hemiaulus sinensis*	√	√	√	√	√	
	哈氏半盘藻	*Hemidiscus hardmannianus*	√	√	√	√	√	√
	环纹娄氏藻	*Lauderia annulata*		√	√	√	√	√
	丹麦细柱藻	*Leptocylindrus danicus*	√	√	√	√	√	√
	短纹楔形藻	*Licmophora abbreviata*	√		√		√	√
	胸隔藻	*Mastogloia* sp.					√	
	具槽直链藻	*Melosira sulcata* var. *sulcata*	√		√	√	√	
	舟形藻	*Navicula* spp.	√	√	√	√	√	√
	膜状舟形藻	*Navicula membranacea*		√	√			
	碎片菱形藻	*Nitzschia frustulum*	√	√		√		√
	长菱形藻原变种	*Nitzschia longissima* var. *longissima*	√		√	√		√
	长菱形藻弯端变种	*Nitzschia longissima* var. *reversa*	√	√	√	√		√
	洛伦菱形藻原变种	*Nitzschia lorenziana* var. *lorenziana*	√	√	√	√		√
	钝头菱形藻	*Nitzschia obtusa*						√
硅藻门	中国菱形藻	*Nitzschia sinensis*	√	√	√	√	√	√
	菱形藻	*Nitzschia* spp.	√	√	√	√	√	√
	三角褐指藻	*Phaeodactylum tricornutum*					√	
	太阳漂流藻	*Planktoniella Sol*	√	√	√		√	
	端尖斜纹藻原变种	*Pleurosigma acutum* var. *acutum*	√	√	√	√	√	√
	端尖斜纹藻宽形变种	*Pleurosigma acutum* var. *latum*	√					
	美丽斜纹藻	*Pleurosigma formosum*				√		√
	海洋斜纹藻	*Pleurosigma pelagicum*	√	√	√	√	√	√
	柔弱拟菱形藻	*Pseudo-nitzschia delicatissima*	√	√	√	√	√	√
	翼根管藻	*Rhizosolenia alata* f. *alata*	√	√	√	√	√	
	翼根管藻印度变型	*Rhizosolenia alata* f. *indica*					√	
	翼根管藻纤细变型	*Rhizosolenia alata* f. *gracillima*		√				√
	伯氏根管藻	*Rhizosolenia bergonii*	√		√		√	
	距端根管藻	*Rhizosolenia calcar-avis*	√	√		√		√
	卡氏根管藻	*Rhizosolenia castracanei*	√	√	√	√	√	
	螺端根管藻	*Rhizosolenia cochlea*		√	√	√	√	√

	中文名	拉丁文名	临高		儋州		昌江	
			秋季	春季	秋季	春季	秋季	春季
硅藻门	厚刺根管藻	*Rhizosolenia crassispina*		√	√	√		√
	柔弱根管藻	*Rhizosolenia delicatula*	√		√		√	
	透明根管藻	*Rhizosolenia hyalina*	√	√	√	√	√	√
	覆瓦根管藻	*Rhizosolenia imbricata* var. *imbricata*	√	√	√	√	√	√
	粗根管藻	*Rhizosolenia robusta*	√	√	√		√	
	刚毛根管藻	*Rhizosolenia setigera*	√	√	√	√	√	√
	斯氏根管藻	*Rhizosolenia stolterforthii*	√	√	√	√	√	√
	笔尖形根管藻	*Rhizosolenia styliformis* var. *styliformis*	√	√	√	√	√	√
	笔尖形根管藻粗径变种	*Rhizosolenia styliformis* var. *latissima*	√	√			√	√
	笔尖形根管藻长棘变种	*Rhizosolenia styliformis* var. *longispina*	√				√	
	优美旭氏藻	*Schröederella delicatula* f. *delicatula*	√	√		√	√	√
	优美旭氏藻矮小变形	*Schröederella delicatula* f. *schröderi*			√			
	中肋骨条藻	*Skeletonema costatum*	√	√	√	√	√	√
	掌状冠盖藻	*Stephanopyxis palmeriana*				√	√	√
	塔形冠盖藻	*Stephanopyxis turris* var. *turris*		√			√	
	泰晤士扭鞘藻	*Streptothece thamesis*	√		√		√	√
	单点条纹藻	*Striatella unipunctata*					√	
	菱形海线藻原变种	*Thalassionema nitzschioides* var. *nitzschioides*	√	√	√	√	√	√
	菱形海线藻小形变种	*Thalassionema nitzschioides* var. *parva*	√		√		√	
	离心列海链藻	*Thalassiosira excentrica*						√
	诺氏海链藻	*Thalassiosira nordenskiöldii*	√		√		√	
	太平洋海链藻	*Thalassiosira pacifica*	√				√	
	圆海链藻	*Thalassiosira rotula*	√	√	√		√	
	海链藻	*Thalassiosira* spp.					√	
	细弱海链藻	*Thalassiosira subtilis*	√	√	√		√	√
	伏氏海毛藻	*Thalassiothrix frauenfeldii*	√	√	√	√	√	√
	长海毛藻	*Thalassiothrix longissima*	√	√	√	√	√	√
	蜂窝三角藻	*Triceratium favus* f. *favus*	√		√		√	
	美丽三角藻	*Triceratium formosum* f. *formosum*		√				

	中文名	拉丁文名	临高		儋州		昌江	
			秋季	春季	秋季	春季	秋季	春季
甲藻门	塔玛亚历山大藻	*Alexandrium tamarense*	√					√
	二齿双管藻	*Amphisolenia bidentata*	√	√	√		√	√
	蜡台角藻原变种	*Ceratium candelabrum* var. *candelabrum*	√		√			
	叉状角藻原变种	*Ceratium furca* var. *furca*	√	√	√	√	√	√
	梭角藻原变种	*Ceratium fusus* var. *fusus*	√	√	√	√	√	√
	粗刺角藻原变种	*Ceratium horridum* var. *horridum*						√
	粗刺角藻纤细变种	*Ceratium horridum* var. *tenue*	√					
	大角角藻原变种	*Ceratium macroceros* var. *macroceros*	√	√	√	√		√
	马西里亚角藻原变种	*Ceratium massiliense* var. *massiliense*						√
	锚角藻原变种	*Ceratium triops* var. *triops*	√	√	√	√	√	√
	兀鹰角藻	*Ceratium vultur*			√			
	戈氏角甲藻	*Ceratocorys gourretii*	√				√	
	具尾鳍藻	*Dinophysis caudate*	√	√	√	√	√	√
	勇士鳍藻	*Dinophysis miles*	√	√	√	√	√	√
	新月球甲藻	*Dissodinium lunula*	√		√	√	√	√
	春膝沟藻	*Gonyaulax verior*	√					
	裸甲藻	*Gymnodinium* sp.	√					
	夜光藻	*Noctiluca scintillans*	√					
	四叶鸟尾藻	*Ornithocercus steinii*	√	√		√		√
	海洋原甲藻	*Prorocentrum micans*	√	√	√			
	微小原甲藻	*Prorocentrum minimum*	√	√			√	
	反曲原甲藻	*Prorocentrum sigmoides*	√					
	锥形原多甲藻	*Protoperidinium conicum*		√	√	√	√	√
	扁平原多甲藻	*Protoperidinium depressum*	√	√	√	√	√	√
	优美原多甲藻	*Protoperidinium elegans*	√					
	海洋原多甲藻	*Protoperidinium oceanicum*	√	√	√		√	√
	五角原多甲藻	*Protoperidinium pentagonum*		√		√	√	

	中文名	拉丁文名	临高		儋州		昌江	
			秋季	春季	秋季	春季	秋季	春季
甲藻门	梨甲藻	*Pyrocystis* sp.	√	√	√		√	√
	斯氏扁甲藻	*Pyrophacus steinii*	√		√	√	√	√
	锥状斯克里普藻	*Scrippsiella trochoidea*	√	√	√			
蓝藻门	颤藻	*Osillatoriales* sp.					√	
	红海束毛藻	*Trichodesmium erythraeum*	√	√	√	√	√	√
	汉氏束毛藻	*Trichodesmium hildebrandtii*			√		√	
金藻门	小等刺硅鞭藻	*Dictyocha fibula*	√					
绿藻门	细小平裂藻	*Merismopedia minima*	√					
	单角盘星藻具孔变种	*Pediastrum simplex* var. *duodenarium*	√					
	裂开圆丝鼓藻	*Hyalotheca dissiliens*	√					

附录2　浮游动物名录

类别	中文名	拉丁名	临高		儋州		昌江	
			秋季	春季	秋季	春季	秋季	春季
被囊类	长吻纽鳃樽	*Brooksia rostrata*			√			
	软拟海樽	*Dolioletta gegenbauri*	√	√	√		√	√
	小齿海樽	*Doliolum denticulatum*	√	√	√	√	√	√
	异体住囊虫	*Oikopleura dioica*	√	√	√	√	√	√
	梭形住囊虫	*Oikopleura fusiformis*		√				
	中型住囊虫	*Oikopleura intermedia*		√				
	长尾住囊虫	*Oikopleura longicauda*		√	√		√	√
	梭形纽鳃樽	*Salpa fusiformis*	√		√		√	
端足类	瘦拟丽蛾	*Paralycaea gracilis*		√	√		√	
	裂额蛮蛾	*Lestrigonus schizogeneios*	√					
	钝巧蛾	*Phronima atlantica*	√		√			
	粗角锥蛾	*Scina crassicornis*	√					
	细长脚蛾	*Themisto gracilipes*	√					
多毛类	水蚕	*Naiades cantrainii*	√	√	√	√	√	
	凯氏浮蚕	*Tomopteris kefersteinii*	√	√	√	√	√	
	鼻蚕	*Rhynchonerella gracilis*		√			√	
	太平洋浮蚕	*Tomopteris pacifica*	√		√		√	
管水母类	华丽盛壮水母	*Agalma elegans*	√					
	双生水母	*Diphyes chamissonis*	√	√	√	√	√	√
	长囊无棱水母	*Sulculeolaria chuni*					√	√
	拟细浅室水母	*Lensia subtiloioles*	√					
	五角水母	*Muggiaea atlantica*	√					
介形类	针刺真浮萤	*Euconchoecia aculeata*	√	√	√	√	√	√
	齿形海萤	*Cypridina dentata*						√
糠虾类	宽尾刺糠虾	*Acanthomysis laticauda*	√		√		√	
	长额刺糠虾	*Acanthomysis logirostris*					√	
磷虾类	尖额磷虾	*Euphausia diomedeaea*	√	√	√	√	√	√
	宽额假磷虾	*Pseudeuphausia latifrons*		√				
	太平洋磷虾	*Euphausia pacifica*	√		√	√	√	√
	中华假磷虾	*Pseudeuphausia sinica*	√	√		√	√	√

类别	中文名	拉丁名	临高		儋州		昌江	
			秋季	春季	秋季	春季	秋季	春季
毛颚类	百陶箭虫	*Sagitta bedoti*	√		√	√	√	√
	强壮箭虫	*Sagitta crassa*	√		√		√	
	多变箭虫	*Sagitta decipiens*	√				√	
	弱箭虫	*Sagitta delicata*	√	√	√	√	√	√
	肥胖箭虫	*Sagitta enflata*	√	√	√	√	√	√
	凶形箭虫	*Sagitta ferox*	√	√		√	√	√
	圆囊箭虫	*Sagitta johorensis*	√					
	太平洋箭虫	*Sagitta pacifica*	√					
	拿卡箭虫	*Sagitta nagae*					√	
	瘦型箭虫	*Sagitta tenuis*	√				√	
桡足类	丽隆剑水蚤	*Oncaea venusta*				√		
	太平洋纺锤水蚤	*Acartia pacifica*		√		√		√
	微驼隆哲水蚤	*Acrocalanus gracilis*		√		√	√	√
	小长足水蚤	*Calanopia minor*					√	
	单隆哲水蚤	*Acrocalanus monachus*		√		√		√
	异尾平头水蚤	*Candacia discaudata*		√				
	瘦长毛猛水蚤	*Microsetella gracilis*		√				
	红纺锤水蚤	*Acartia erythraea*	√					
	披针纺锤水蚤	*Acartia southealli*	√					
	安氏隆哲水蚤	*Acrocalanus andersoni*	√					
	驼背隆哲水蚤	*Acrocalanus gibber*	√	√	√	√		√
	长角隆哲水蚤	*Acrocalanus longicornis*	√	√	√	√		√
	针刺尖头水蚤	*Arietellus aculeatus*	√					
	椭形长足水蚤	*Calanopia elliptica*	√	√				√
	中华哲水蚤	*Calanus sinicus*	√	√	√	√	√	√
	锦丽哲水蚤	*Calocalanus pavoninus*						√
	羽丽哲水蚤	*CalocaZanus plumulosus*				√		√
	伯氏平头水蚤	*Candacia bradyi*	√	√		√	√	√
	截拟平头水蚤	*Candacia truncata*	√					
	微刺哲水蚤	*Canthocalanus pauper*	√	√	√	√	√	√
	长角胸刺水蚤	*Centropages longicornis*				√	√	√

类别	中文名	拉丁名	临高		儋州		昌江	
			秋季	春季	秋季	春季	秋季	春季
桡足类	叉胸刺水蚤	*Centropages furcatus*	√	√	√			√
	奥氏胸刺水蚤	*Centropages orsinii*	√	√	√	√	√	√
	瘦尾胸刺水蚤	*Centropages tenuiremis*	√	√	√	√	√	
	近缘大眼剑水蚤	*Corycaeus affinis*	√	√		√	√	
	亚强真哲水蚤	*Eucalanus subcrassus*	√		√		√	
	灵巧大眼剑水蚤	*Corycaeus catus*						√
	精致真刺水蚤	*Euchaeta concinna*	√	√	√		√	√
	近缘真宽水蚤	*Eurytemora affinis*					√	√
	变光刺水蚤	*Nullosetigera mutata*					√	
	黄角光水蚤	*Lucicutia flavicornis*			√			
	真刺唇角水蚤	*Labidocera euchaeta*	√					
	卵形光水蚤	*Lucicutia ovalis*		√				√
	长尾基齿哲水蚤	*Clausocalanus furcatus*		√	√	√		√
	尖额真猛水蚤	*Euterpe acutifrons*				√		√
	小唇角水蚤	*Labidocera minuta*	√					
	瘦新哲水蚤	*Neocalanus gracilis*	√					
	细长腹剑水蚤	*Oithona attenuata*	√	√	√	√	√	√
	伪长腹剑水蚤	*Oithona fallax*		√	√		√	
	拟长腹剑水蚤	*Oithona similis*		√			√	√
	瘦长腹剑水蚤	*Oithona tenuis*		√		√		√
	短角长腹剑水蚤	*Oithona brevicornis*	√		√		√	
	背突隆水蚤	*Oncaea clevei*	√	√	√	√	√	
	齿隆水蚤	*Oncaea dentipes*		√				
	中隆水蚤	*Oncaea media*		√		√	√	√
	小隆水蚤	*Oncaea minuta*		√		√		√
	针刺拟哲水蚤	*Paracalanus aculeatus*	√	√	√	√	√	√
	小拟哲水蚤	*Paracalanus parvus*			√		√	
	强额拟哲水蚤	*Paracalanus crassirostris*		√		√		√
	海洋伪镖水蚤	*Pseudodiaptomus marinus*	√					
	瘦歪水蚤	*Tortanus gracillis*						√

类别	中文名	拉丁名	临高		儋州		昌江	
			秋季	春季	秋季	春季	秋季	春季
桡足类	角锚哲水蚤	*Rhincalanus cornutus*	√					
	双尖叶水蚤	*Sapphirina bicuspidata*	√	√	√		√	
	亚强次真哲水蚤	*Subeucalanus subcrassus*		√				√
	异尾宽水蚤	*Temora discaudata*	√	√	√	√		√
	普通波水蚤	*Undinula vulgaris*		√		√		√
	锥形宽水蚤	*Temora turbinata*	√	√	√	√	√	√
十足类	中国毛虾	*Acetes chinensis*	√	√	√	√	√	
	亨生莹虾	*Lucifer hanseni*	√	√	√	√	√	√
	中型莹虾	*Lucifer intermedius*	√	√	√	√	√	√
	正型莹虾	*Lucifer typus*	√	√	√	√	√	√
水螅水母类	半口壮丽水母	*Aglaura hemistoma*	√	√	√	√	√	√
	双手水母	*Amphinema dinema*	√	√	√		√	
	两手鲍氏水母	*Bougainvillia bitentaculata*		√				
	刺胞水母	*Cytaeis tetrastyla*			√			
	不列颠鲍氏水母	*Bougainvillia britannica*	√					
	锡兰和平水母	*Eirene ceylonensis*	√	√	√		√	
	枝管怪水母	*Geryonia proboscidalis*	√					
	八蕊水母	*Eucheilota menoni*					√	
	半球杯水母	*Phialidium hemisphaericum*					√	
	舟水母	*Phortis ceylonensis*					√	
	小异形水母	*Heterotiara minor*	√					
	四叶小舌水母	*Liriope tetraphylla*	√	√	√	√	√	√
	斑芮氏水母	*Rathkea octopunctata*	√				√	
	宽膜棍手水母	*Rhopalonema velatum*	√					
	两手筐水母	*Solmundella bitentaculata*	√		√		√	
翼足类	尖笔帽螺	*Creseis acicula*	√	√	√	√	√	√
	四齿厚唇螺	*Diacria quadridentata*					√	
原生动物	透明等棘虫	*Acanthometra pellucida*			√			
	红拟抱球虫	*Globigerinoides ruber*					√	√

类别	中文名	拉丁名	临高		儋州		昌江	
			秋季	春季	秋季	春季	秋季	春季
枝角类	鸟喙尖头溞	*Penilia avirostris*	√	√	√	√	√	√
	多型圆囊溞	*Podon polyphemoides*		√		√		√
	伪肥胖三角溞	*Psedudevadne tergestina*		√				
栉水母类	球型侧腕水母	*Pleurobrachia globosa*	√		√		√	
浮游幼体	阿利玛幼虫	Alima larva	√	√	√	√	√	√
	短尾类幼体	Brachyura larva	√	√	√	√	√	√
	中华绒螯蟹幼体	*Eriocheir sinensis* larva					√	
	短尾类大眼幼体	Brachyura megalopa larva	√					
	莹虾幼体	*Lucifer* larva	√	√	√		√	√
	糠虾幼体	Mysidacea larva			√			
	长尾类幼体	Macruran larva	√	√	√	√	√	√
	长腕类幼体	Ophiopluteus larva	√	√	√	√	√	√
	磁蟹溞状幼体	Porcellana zoea larva	√	√	√	√	√	√
	锯缘青蟹幼体	*Scylla serrata* larva	√				√	
其他	鱼卵	Fish egg	√	√	√	√	√	√
	仔鱼	Fish larva	√	√	√	√	√	√

附录3　大型底栖动物名录

中文名	拉丁名	临高		儋州		昌江	
		秋季	春季	秋季	春季	秋季	春季
奥莱彩螺	*Clithon oualaniensis*				√		
斑肋滨螺	*Littoraria ardouiniana*				√		
变肋角贝	*Dentalium octangulatum*	√	√	√			√
波纹巴非蛤	*Paphia undulata*	√	√	√	√	√	√
波纹蜒螺	*Nerita undata*					√	
布氏蚶	*Arca boucardi*	√	√	√			
彩榧螺	*Oliva ispidula*	√					
彩虹明樱蛤	*Moerella iridescens*	√		√			
糙海参	*Holothuria scabra*		√				
长手隆背蟹	*Carcinoplax longimana*	√					
长竹蛏	*Solen gouldi*	√		√			
齿纹蜒螺	*Nerita yoldi*	√	√				
蜎螺	*Umbonium vestiarium*	√	√	√	√		√
枞带滩栖螺	*Batillaria zonalis*	√					
大缝角贝	*Dentalium vernedei*		√			√	√
单齿螺	*Monodonta labio*	√	√				
弹涂鱼	*Periophthalmus* sp.	√					
帝纹樱蛤	*Tellina timorensis*	√	√	√		√	
豆斧蛤	*Latona faba*	√	√			√	√
短指和尚蟹	*Mictyris brevidactylus*	√	√	√	√	√	√
对虾	*Penaeus orientalis*	√		√			
多刺鸟蛤	*Vepricardium multispinosum*	√					
多纹板刺蛇尾	*Placophiothrix striolata*	√				√	
方斑玉螺	*Naticarius onca*		√				
方格织纹螺	*Nassarius clathratus*			√			

中文名	拉丁名	临高		儋州		昌江	
		秋季	春季	秋季	春季	秋季	春季
纺锤三口螺	*Mesophora fusca*	√		√		√	
菲律宾蛤仔	*Ruditapes philippinarum*	√	√				√
辐肛参	*Actinopyga lacanora*		√				
斧文蛤	*Meretrix lamarckii*	√	√	√		√	√
鸽螺	*Peristernia nassatula*		√				√
格纹玉螺	*Natica gualtieriana*					√	
公牛长腿蟹	*Naxioides taurus*		√				
沟角贝	*Striodentalium rhabdotum*	√		√		√	
沟纹笋光螺	*Terebralia sulcata*	√	√				
古氏蛤蜊	*Coelomactra cumingu*	√	√				
古氏滩栖螺	*Batillaria cumingi*				√		
光滑花瓣蟹	*Liomera laevis*	√	√	√	√		
海胆	*Echinoidea* sp.			√			
海葵	*Actiniaria* sp.					√	
海鳗	*Muraenesox cinereus*				√	√	
海蟑螂	*Ligia oceanica*	√					
红斑头蟹	*Liagore rubromaculata*	√					
红口榧螺	*Oliva erythrostoma*	√					
红明樱蛤	*Moerella rutila*	√	√		√	√	√
红侍女螺	*Ancilla rubiginosa*		√				
环纹坚石蛤	*Atacotodea striata*	√		√			
环珠小核果螺	*Drupella rugosa*			√			
黄斑笋螺	*Terebra chlorata*		√				
货贝	*Monetaria moneta*				√		
加夫蛤	*Gafrarium tumidum*		√		√		
假奈拟塔螺	*Turricula nelliae spurius*	√		√			

中文名	拉丁名	临高		儋州		昌江	
		秋季	春季	秋季	春季	秋季	春季
节蝾螺	*Trochus sacellum*	√	√				
可口革囊星虫	*Phasolosma esculenta*	√	√	√		√	
口虾蛄	*Oratosquilla oratoria*					√	
宽额大额蟹	*Metopograpsus frontalis*	√	√	√	√	√	√
肋蜎螺	*Umbonium costatum*			√			
肋蜒螺	*Nerita costata*	√	√				
丽文蛤	*Meretrix cusoria*	√	√				
粒花冠小月螺	*Lunella coronata granulata*	√					
粒结螺	*Morula granulate*	√					
裂纹格特蛤	*Katelysia hiantina*	√					
鳞杓拿蛤	*Anomalocardia squamosa*	√	√	√	√		√
琉球花棘石鳖	*Acanthopleura loochooana*		√				
吕宋棘海星	*Echinaster luzonicus*						√
绿螂	*Cadulus anguidens*	√	√				
绿紫蛤	*Soletellina virescens*		√		√		
美叶雪蛤	*Placamen calophylla*	√					
明显相手蟹	*Sesarma tangirathbun*		√		√		
泥脚隆背蟹	*Carcinoplax vestita*	√					
欧文虫	*Owenia fusiformis*	√	√	√	√	√	√
胖小塔螺	*Pyramidella ventricosa*	√	√				
平蛤蜊	*Mactra mera*	√	√				
平轴螺	*Planaxis sulcaturs*	√	√			√	
日本鼓虾	*Alpheus japonicus*	√	√			√	√
日本关公蟹	*Dorippe japonica*				√		
日本蛈	*Japenese stone*		√				
肉色宝贝	*Cypraea carneola*			√			

中文名	拉丁名	临高		儋州		昌江	
		秋季	春季	秋季	春季	秋季	春季
乳突半突虫	*Phyllodoce papillosa*		√				√
三孔拉文海胆	*Lovenia triforis*						√
三线短浆蟹	*Thalamita demani*	√					
散纹樱蛤	*Tellina virgata*	√	√				
砂海星	*Luidia quinaria*	√		√		√	
石笔海胆	*Heterocentrotus mammillatus*		√		√		
斯氏仿缢蛏	*Azorinus scheepmakeri*				√		
笋锥螺	*Turritella terebra*	√	√				
塔结节滨螺	*Nodilittorina pyramidalis*	√	√				
藤壶	*Balanus*				√		√
凸加夫蛤	*Gafrarium tumidum*	√	√	√		√	
突畸心蛤	*Anomalocardia producta*		√		√		√
文昌鱼	*Branchiostoma lanceolatum*	√	√			√	√
文蛤	*Meretrix meretrix*		√	√			
纹斑丝鰕虎鱼	*Cryptocentrus strigilliceps*	√	√	√			√
纹藤壶	*Balanus amphitrite*	√		√	√	√	
西施舌	*Mactra antiquata*			√			
虾蛄	*Oratosquilla oratoria*	√	√		√		√
鰕虎鱼	*Gobius* sp.					√	
鲜明鼓虾	*Alpheus distinguendus*	√		√			
镶边海豚螺	*Angaria laciniata*	√	√				
象牙光角贝	*Laevidentalium eburneum*	√	√				
小楯桑椹螺	*Clypeomorus humilis*				√		
小翼拟蟹守螺	*Cerithidea microptera*	√	√				
楔形斧蛤	*Donax cumcatus*	√	√	√		√	
秀丽织纹螺	*Nassarius dealbatus*	√	√				

中文名	拉丁名	临高		儋州		昌江	
		秋季	春季	秋季	春季	秋季	春季
锈斑蟳	*Charybdis feriatus*		√				
岩虫	*Marphysa sanguinea*	√	√	√	√	√	√
伊萨伯雪蛤	*Placamen isabellina*	√					
异白樱蛤	*Macoma incongrua*	√	√				
疣吻沙蚕	*Tylorrhynchus heterochaetus*	√	√	√	√	√	√
疣织纹螺	*Nassarius papillosus*	√					
圆弧梭子蟹	*Portunus orbitosinus*	√					
杂色牙螺	*Euplica scripta*		√		√		
褶链棘螺	*Siratus pliciferoides*	√					
褶条马蹄螺	*Trochus sacellum*	√		√			
褶蜓螺	*Nerita plicata*		√				
中国毛虾	*Acetes chinensis*	√	√		√	√	√
中国朽叶蛤	*Caecella chinensis*	√	√				
中华沙蟹	*Ocypode cordimand*	√		√	√	√	√
周氏突齿沙蚕	*Leonnates jousseaumei*	√	√	√	√	√	
珠带拟蟹守螺	*Cerithidea cingulata*	√	√				
珠母爱尔螺	*Ergalatax margariticola*	√	√				
锥螺	*Turritella terebra*	√					
紫隆背蟹	*Carcinoplax purpurea*	√					
紫纹芋参	*Molpadia roretzi*		√				√
棕板蛇尾	*Ophiomaza cacaotica*	√	√	√	√	√	√
纵带滩栖螺	*Batillaria zonalis*		√		√		√
奥莱彩螺	*Clithon oualaniensis*				√		

附录4　游泳动物名录

中文名	拉丁名	临高		儋州		昌江	
		秋季	春季	秋季	春季	秋季	春季
艾氏牛角蟹	*Leptomithrax edwardsi*		√				
白斑星鲨	*Mustelus manazo*	√		√		√	
白鲳	*Ephippus orbis*	√	√	√	√	√	
白姑鱼	*Argyrosomus argentatus*	√	√	√	√	√	√
百吉海鳗	*Muraenesox bagio*					√	
斑节对虾	*Penaeus monodon*					√	
斑鳍白姑鱼	*Pennahia pawak*	√					
半线天竺鲷	*Apogon semilineatus*	√	√	√	√	√	√
宝石石斑鱼	*Epinephelus areolatus*	√	√			√	
豹纹鳃棘鲈	*Plectropomus leopardus*						√
变态蟳	*Charybdis variegata*		√		√		√
侧斑副绯鲤	*Parupeneus pleurospilos*	√	√	√	√	√	√
侧牙鲈	*Variola louti*			√			
长颌棱鳀	*Thrissa setirostris*			√		√	
长肋日月贝	*Amusium pleuronectes*					√	
长体舌鳎	*Cynoglossus lingua*	√	√		√	√	√
长吻裸颊鲷	*Lethrinus miniatus*	√	√		√	√	√
赤魟	*Dasyatis akajei*	√	√				
粗纹鲾	*Leiognathus lineolatus*	√	√		√		√
大弹涂鱼	*Boleophthalmus pectinirostris*	√	√		√		√
大甲鲹	*Megalaspis cordyla*	√	√	√	√	√	√
大鳞鳞鲬	*Onigocia macrolepis*		√		√	√	√
大头狗母鱼	*Trachinocephalus myops*		√		√		√
带鱼	*Trichiurus lepturus*	√	√	√	√	√	√
单角革鲀	*Aluterus monoceros*	√	√	√	√	√	√
刀额新对虾	*Metapenaeus ensis*	√	√				√
东方扁虾	*Thenus orientalis*		√				
东方鲀	*Tetraodon fluviatilis*	√	√	√	√	√	√
短棘鲾	*Leiognathus equulus*	√	√	√	√	√	√

中文名	拉丁名	临高		儋州		昌江	
		秋季	春季	秋季	春季	秋季	春季
短吻丝鲹	*Alectis ciliaris*	√	√			√	
多鳞鱚	*Sillago sihama*	√	√		√		√
蛾眉条鳎	*Zebrias quagga*	√	√		√	√	√
二长棘鲷	*Parargyrops edita*	√	√	√	√	√	√
凡滨纳对虾	*Litopenaeus vannamei*	√	√	√	√	√	√
鲂鮄	*Dactyloptena* sp.		√		√		
凤鲚	*Coilia mystus*	√					
海马	*Hippocampus* sp.		√				
海鳗	*Muraenesox cinereus*	√	√	√	√	√	√
海鲶	*Ariussinensis lacepede*	√	√	√	√		√
汉氏棱鳀	*Thryssa hamiltonii*	√	√	√	√	√	√
褐蓝子鱼	*Siganus fuscescens*	√					
褐石斑	*Epinephelus bruneus*	√	√		√	√	√
鹤海鳗	*Muraenesox talabonoides*		√		√		√
黑棘鲷	*Acanthopagrus schlegelii*	√	√		√	√	√
红线黎明蟹	*Matuta planipes*	√					
红星梭子蟹	*Portunus sanguinolentus*				√		
黄斑鲾	*Leiognathus bindus*	√	√	√	√	√	√
黄斑蓝子鱼	*Siganus oramin*	√	√	√	√	√	√
黄鳍鲷	*Acanthopagrus latus*	√		√	√	√	
黄缘金线鱼	*Nemipterus thosaporni*	√	√	√	√	√	√
脊条褶虾蛄	*Lophosquilla costata*	√	√	√			
尖吻蛇鳗	*Ophichthus apicalis*	√					
鲣	*Katsuwonus pelamis*			√		√	
角鳎	*Aesopia cornuta*	√	√		√		√
叫姑鱼	*Johnius grypotus*	√	√	√	√	√	√
金鲳	*Trachinotus ovatus*	√				√	
金钱鱼	*Scatophagus argus*		√				
看守长眼蟹	*Podophthalmus vigil*	√	√	√	√	√	√
康氏小公鱼	*Stolephorus commersonii*	√	√	√	√	√	√
孔鰕虎鱼	*Trypauchen vagina*	√	√	√	√	√	√

中文名	拉丁名	临高		儋州		昌江	
		秋季	春季	秋季	春季	秋季	春季
口虾蛄	*Oratosquilla oratoria*	√	√	√	√	√	√
蓝圆鲹	*Decapterus maruadsi*		√	√	√	√	√
鳓	*Ilisha elongata*	√	√	√	√	√	√
棱鲅	*Liza carinata*	√	√	√	√	√	√
丽叶鲹	*Caranx kalla*	√	√		√	√	√
列牙鯻	*Pelates quadrilineatus*	√	√	√	√	√	√
鳞烟管鱼	*Fistularia petimba*		√				√
六带石斑鱼	*Epinephelus sexfasciatus*			√			
龙头鱼	*Harpadon nehereus*	√		√			
鹿斑鲾	*Secutor ruconius*	√	√	√	√	√	√
洛神颈鳍鱼	*Iniistius dea*					√	
矛形梭子蟹	*Portunus hastatoides*	√	√	√	√	√	√
墨吉对虾	*Banana prawn*	√		√		√	√
南海蛸	*Octopus nanhaiensis*	√	√		√	√	
拟目乌贼	*Sepia ladmanus*	√	√	√	√	√	√
强壮菱蟹	*Parthenope validus*	√	√		√		√
日本鼓虾	*Alpheus japonicus*	√					
日本关公蟹	*Dorippe japonica*	√	√		√		√
日本矶蟹	*Nipponensis pugettia*		√		√		√
日本囊对虾	*Penaeus japonicus*		√		√		√
日本䲢	*Uranoscopus japonicus*	√	√		√	√	√
日本新鳞鲉	*Neocentropogon japonicus*	√	√	√	√		√
日本蟳	*Charybdis japonica*	√	√		√		√
沙丁鱼	*Sardina pilchardus*	√	√	√	√		√
善泳蟳	*Charybdis natator*	√	√		√		
少鳞鱚	*Sillago japonica*	√	√	√	√	√	√
少牙斑鲆	*Pseudorhombus oligodon*	√	√			√	√
四带绯鲤	*Upeneus quadrilineatus*		√				
四线天竺鲷	*Apogon quadrifasciatus*	√	√	√	√	√	√
四指马鲅	*Eleutheronema rhadinum*	√	√	√	√	√	
蓑鲉	*Pterois volitans*		√				

中文名	拉丁名	临高		儋州		昌江	
		秋季	春季	秋季	春季	秋季	春季
条尾近虾蛄	*Anchisquilla fasciata*	√	√	√	√	√	√
条纹胡椒鲷	*Plectorhinchus lineatus*					√	
条纹鯻	*Terapon theraps*	√	√		√		√
乌鲳	*Formio niger*		√		√	√	√
武士蟳	*Charybdis miles*	√	√	√	√	√	√
细纹爱洁蟹	*Atergatis reticulatus*		√				
鲜明鼓虾	*Alpheus distinguendus*				√		
线鳗鲇	*Plotosus lineatus*	√		√		√	
逍遥馒头蟹	*Calappa philargius*	√	√		√	√	
小黄鱼	*Pseudosciaena polyactis*	√					
小珊瑚礁鱼	Coral fishes		√				
小相手蟹	*Nanosesarma minutum*				√		√
锈斑蟳	*Charybdis feriatus*	√	√	√	√	√	√
须赤虾	*Metapenaeopsis barbata*	√	√	√	√	√	√
银鲳	*Pampus argenteus*					√	
鲬	*Platycephalus indicus*	√	√	√	√	√	√
油魣	*Sphyraena pinguis*	√	√	√	√	√	√
远海梭子蟹	*Portunus pelagicus*	√	√	√	√	√	√
蜘蛛蟹	Spider crab	√					
中国鲳	*Pampus chinensis*			√		√	
中国管鞭虾	*Solenocera crassicornis*	√					
中国毛虾	*Acetes chinensis*	√					
中国枪乌贼	*Loligo chinensis*	√	√	√	√	√	√
猪婆鱼	*Siniperca chuatsi*					√	
竹荚鱼	*Trachurus japonicus*	√	√	√	√	√	√
鲻	*Mugil cephalus*	√	√	√	√	√	√

附录5　鱼卵仔鱼名录

科名	种名	拉丁文名	临高		儋州		昌江	
			秋季	春季	秋季	春季	秋季	春季
笛鲷科	白斑笛鲷	*Lutjanus bohar*				√		
	赤鳍笛鲷	*Lutjanus erythropterus*		√		√		√
	笛鲷	*Lutjanus* sp.	√					
	四线笛鲷	*Lutjanus kasmira*		√		√		√
鲷科	鲷科一种	Sparidae gen. et sp. indet.	√	√	√	√	√	√
	黄鳍鲷	*Sparus latus*	√				√	
	平鲷	*Rhabdosargus sarba*	√					
大眼鲷科	短尾大眼鲷	*Priacanthus macracanthus*					√	
	大眼鲷	*Priacanthus* sp.		√		√		√
裸颊鲷科	青嘴龙占	*Lethrinus nebulosus*		√		√		√
银鲈科	长棘银鲈	*Gerres filamentosus*			√			
狗母鱼科	长体蛇鲻	*Saurida elongata*		√		√		√
石首鱼科	白姑鱼	*Argyrosomus argentatus*	√					
隆头鱼科	断纹紫胸鱼	*Stethojulis interrupta*	√		√			
	海猪鱼	*Halichoeres* sp.						√
	隆头鱼科一种	Labridae gen. et sp. indet.				√	√	√
	鹦嘴鱼	*Scarus* sp.						√
鳚科	美肩鳃鳚	*Omobranchus elegans*	√		√		√	
	鳃鳚	*Omobranchus* sp.	√					
鲱科	鲱科一种	Clupeidae gen. et sp. indet.		√		√		
	无齿鰶	*Anodontostoma clacunda*			√			
	小沙丁鱼	*Sarinella* sp.			√		√	
	斑鰶	*Clupanodon punctatus*					√	

科名	中文名	拉丁名	临高		儋州		昌江	
			秋季	春季	秋季	春季	秋季	春季
鳀科	尖吻小公鱼	*Stolephorus heteroloba*	√		√			
	康氏小公鱼	*Stolephorus commersoni*			√		√	
	小公鱼	*Stolephorus* sp.	√		√		√	
鲹科	长鳍鲹	*Carangoides oblongus*		√		√		√
	竹荚鱼	*Trachurus japonicus*				√		√
	脂眼凹肩鲹	*Selar crumenophthalmus*	√					
鲻科	鲅属	*Liza* sp.			√			
	圆吻凡鲻	*Valamugil seheli*	√					
	鲻科一种	Mugilidae gen. et sp. indet.	√		√		√	
鲤科	金线鱼属	*Nemipterus* sp.	√		√		√	
鱚科	多鳞鱚	*Sillago sihama*	√		√		√	
鱵科	乔氏鱵	*Hemiramphus georgii*	√					
鲾科	鲾鱼	*Leiognathus* sp.	√		√			
鮨科	石斑鱼	*Epinephelus* sp.				√		√
鲉科	鲉科一种	Scorpaenidae gen. et sp. indet.	√		√			
羊鱼科	条尾绯鲤	*Upeneus bensasi*		√	√	√	√	√
鰕虎鱼科	鰕虎鱼科一种	Gobiidae gen. et sp. indet.	√					
	钟旭鰕虎鱼	*Tridentiger barbatus*	√					
银鲈科	银鲈	*Gerres* sp.	√					
䲗科	䲗	*Callionymus* sp.	√		√		√	
舌鳎科	宽体舌鳎	*Cynoglossus robustus*	√					
	舌鳎	*Cynoglossus* sp.	√		√		√	

附录6 红树植物名录

类别	中文名	拉丁名	临高	儋州
真红树	桐花树	*Aegiceras corniculatum*	√	√
真红树	海漆	*Excoecaria agallocha*	√	
真红树	白骨壤	*Aricennia marina*	√	√
真红树	红海榄	*Rhizophora stylosa*	√	√
真红树	榄李	*Lumnitzera racemosa*	√	√
真红树	木榄	*Bruguiera gymnorrhiza*	√	√
真红树	角果木	*Ceriops tagal*	√	√
真红树	卤蕨	*Acrostichum aureum*	√	
真红树	秋茄	*Kandelia candel*	√	√
真红树	正红树	*Rhizophora apiculata*	√	√
半红树	许树	*Clerodendrum inerme*	√	√
半红树	阔苞菊	*Pluchea indice*	√	
半红树	单叶蔓荆	*Vitex trifolia*	√	
半红树	水黄皮	*Pongamia pinnata*	√	
半红树	黄槿	*Hibiscus tiliaceus*	√	√
伴生植物	木麻黄	*Casuarina equisetifolia*	√	√
伴生植物	草海桐	*Scaevola sericea*	√	
伴生植物	海马齿	*Sesuvium portulacastrum*	√	√
伴生植物	厚藤	*Ipomoea pes-caprae*		√
伴生植物	球兰	*Hoya carnosa*	√	
伴生植物	露兜树	*Pandanus tectorius*	√	
伴生植物	雀榕	*Ficus superba*		√
伴生植物	酒饼簕	*Atalantia buxifolia*	√	√
伴生植物	刺果苏木	*Caesalpinia bonduc*		√
伴生植物	刺葵	*Phoenix canariensis*	√	√
伴生植物	马鞍藤	*Ipomoea pescaprae*	√	
伴生植物	台湾相思树	*Acacia confusa*	√	√
伴生植物	老鼠簕	*Acanthus ilicifolius*	√	√
伴生植物	南方碱蓬	*Suaeda australis*		√

附录7　红树林浮游植物名录

中文名	拉丁名	临高		儋州	
		秋季	春季	秋季	春季
硅藻门	**Bacillariophyta**				
咖啡双眉藻	*Amphora coffeaeformis*	√			
双眉藻	*Amphora* sp.	√			
截端双眉藻	*Amphora terroris*	√	√		
优美辐杆藻	*Bacteriastrum delicatulum*		√		
大洋角管藻	*Cerataulina pelagica*		√		
劳氏角毛藻	*Chaetoceros lorenzianus*		√		
双凹梯形藻	*Climacodium biconcavum*		√	√	
日本星杆藻	*Asterionella japonica*	√			
奇异棍形藻	*Bacillaria paradoxa*	√	√	√	√
钟状中鼓藻	*Bellerochea horologicalis*	√		√	
活动盒形藻	*Biddulphia mobiliensis*	√		√	
高盒形藻	*Biddulphia regia*	√			
中华盒形藻	*Biddulphia sinensis*	√	√	√	
窄隙角毛藻	*Chaetoceros affinis* var. *affinis*	√			
短孢角毛藻	*Chaetoceros brevis*	√			
旋链角毛藻	*Chaetoceros curvisetus*	√	√	√	
柔弱角毛藻	*Chaetoceros debilis*	√		√	
粗股角毛藻	*Chaetoceros femur* var. *femur*	√			
洛氏角毛藻	*Chaetoceros lorenzianus*	√		√	
牟氏角毛藻	*Chaetoceros muelleri*	√			
拟旋链角毛藻	*Chaetoceros pseudocurvisetus*	√		√	
圆柱角毛藻	*Chaetoceros teres*	√			
范氏角毛藻	*Chaetoceros vanheurckii*	√			
宽梯形藻	*Climacodium frauenfeldianum*	√		√	

中文名	拉丁名	临高		儋州	
		秋季	春季	秋季	春季
盾卵形藻	*Cocconeis scutellum*	√			
卵形藻	*Cocconeis* spp.	√			
星脐圆筛藻	*Coscinodiscus asteromphalus* var. *asteromphalus*	√	√	√	
双角马鞍藻	*Campylodiscus biangulatus*			√	
柏氏角管藻	*Cerataulina pelagica*			√	
发状角毛藻	*Chaetoceros crinitus*			√	
弓束圆筛藻	*Coscinodiscus curvatulus* var. *curvatulus*			√	
弓束圆筛藻小形变种	*Coscinodiscus curvatulus* var. *minor*			√	
格氏圆筛藻	*Coscinodiscus granii*			√	
琼氏圆筛藻	*Coscinodiscus jonesianus*			√	√
细弱圆筛藻	*Coscinodiscus subtilis* var. *subtilis*			√	
萎软几内亚藻	*Guinardia flaccida*			√	
霍氏半管藻	*Hemiaulua heuckii*			√	
膜质半管藻	*Hemiaulua membranaceus*			√	
短纹楔形藻	*Licmophora abbreviata*			√	
碎片菱形藻	*Nitzschia frustulum*			√	
太阳漂流藻	*Planktoniella sol*			√	
粗根管藻	*Rhizosolenia robusta*			√	
有翼圆筛藻	*Coscinodiscus bipartitus*	√			
巨圆筛藻	*Coscinodiscus gigas* var. *gigas*	√	√	√	
虹彩圆筛藻	*Coscinodiscus oculus-iridis*	√	√	√	√
圆筛藻	*Coscinodiscus* sp.	√	√	√	
微小小环藻	*Cyclotella caspia*	√	√	√	√
条纹小环藻	*Cyclotella striata* var. *striata*	√			
蜂腰双壁藻	*Diploneis bombus*	√			

中文名	拉丁名	临高		儋州	
		秋季	春季	秋季	春季
布氏双尾藻	*Ditylum brightwelii*	√			
太阳双尾藻	*Ditylum sol*	√	√		
波罗的海布纹藻	*Gyrosigma balticum*	√		√	
哈氏半盘藻	*Hemidiscus hardmannianus*	√			
环纹娄氏藻	*Lauderia annulata*	√		√	
丹麦细柱藻	*Leptocylindrus danicus*	√	√	√	
拟货币直链藻	*Melosira nummuloides*	√			
舟形藻	*Navicula* spp.	√	√	√	
洛氏菱形藻	*Nitzschia lorenziana* var. *lorenziana*	√	√	√	√
琴式菱形藻	*Nitzschia panduriformis*	√			
中国菱形藻	*Nitzschia sinensis*	√		√	√
菱形藻	*Nitzschia* spp.	√	√	√	√
端尖斜纹藻	*Pleurosigma acutum*	√	√	√	√
海洋斜纹藻	*Pleurosigma pelagicum*	√	√		√
柔弱拟菱形藻	*Pseudonitzschia delicatissima*	√	√		
长菱形藻	*Nitzschia longissima*				√
长菱形藻弯端变种	*Nitzschia longissima* var. *reversa*	√	√		√
翼根管藻	*Rhizosolenia alata* f. *alata*	√	√	√	
伯氏根管藻	*Rhizosolenia bergonii*	√			
覆瓦根管藻	*Rhizosolenia imbricata* var. *imbricata*	√	√	√	√
刚毛根管藻	*Rhizosolenia setigera*	√	√		
斯氏根管藻	*Rhizosolenia stolterforthii*	√	√	√	
笔尖形根管藻	*Rhizosolenia styliformis* var. *styliformis*	√	√	√	
笔尖形根管藻粗径变种	*Rhizosolenia styliformis* var. *latissima*	√	√	√	
中肋骨条藻	*Skeletonema costatum*	√	√	√	√
泰晤士扭鞘藻	*Streptothece thamesis*	√		√	

中文名	拉丁名	临高		儋州	
		秋季	春季	秋季	春季
华壮双菱藻	*Surirella fastuosa*	√			
菱形海线藻原变种	*Thalassionema nitzschioides* var. *nitzschioides*	√	√	√	√
菱形海线藻小形变种	*Thalassionema nitzschioides* var. *parva*	√	√	√	
诺氏海链藻	*Thalassiosira nordenskiöldii*	√			
细弱海链藻	*Thalassiosira subtilis*	√		√	
佛氏海毛藻	*Thalassiothrix frauenfeldii*	√		√	
串珠梯楔藻	*Climacosphenia moniligera*		√		
蛇目圆筛藻	*Coscinodiscus argus*		√	√	√
中心圆筛藻	*Coscinodiscus centralis*		√	√	
薄壁几内亚藻	*Guinardia flaccida*		√		
微小胸膈藻	*Mastogloia exilis*		√		
美丽斜纹藻	*Pleurosigma formosum*		√		
距端根管藻	*Rhizosolenia calcaravis*		√		
卡氏根管藻	*Rhizosolenia castracanei*		√	√	
螺端根管藻	*Rhizosolenia cochlea*		√		√
厚刺根管藻	*Rhizosolenia crassispina*		√	√	
透明根管藻	*Rhizosolenia hyalina*		√	√	
塔形冠盖藻	*Stephanopyxis turris* var. *turris*		√		
美丽双菱藻挪威变种	*Surirella elegans* var. *norvegica*		√		
圆海链藻	*Thalassiosira rotula*		√		
伏氏海毛藻	*Thalassiothrix frauenfeldii*		√		√
长海毛藻	*Thalassiothrix longissima*	√	√	√	
甲藻门	**Pyrrophyta**				
塔玛亚历山大藻	*Alexandrium tamarense*	√			
锚角藻大西洋变种	*Ceratium triops* var. *macroceros*	√			
多边膝沟藻	*Gonyaulax polyedra*	√			

中文名	拉丁名	临高		儋州	
		秋季	春季	秋季	春季
春膝沟藻	*Gonyaulax verior*	√	√		
裸甲藻	*Gymnodinium* sp.	√			
海洋原甲藻	*Prorocentrum micans*	√		√	
微小原甲藻	*Prorocentrum minimum*	√	√	√	√
扁平原多甲藻	*Protoperidinium depressum*	√	√		√
叉状角藻	*Ceratium furca*		√	√	
梭角藻	*Ceratium fusus*		√		√
大角角藻	*Ceratium marcroceros*		√	√	
三角角藻	*Ceratium tripos*		√		
五角原多甲藻	*Protoperidinium pentagonum*		√		
二齿双管藻	*Amphisolenia bidentata*			√	
具尾鳍藻	*Dinophysis caudata*			√	
梨形甲藻	*Pyrocystis* sp.	√			
锥状斯克里普藻	*Scippsiella trochoidea*	√			
绿藻门	**Chlorophyta**				
四棘藻	*Attheya* spp.	√			
细小平裂藻	*Merismopedia minima*	√	√	√	
单角盘星藻具孔变种	*Pediastrum simplex* var. *duodenarium*	√	√		
四尾栅藻	*Scenedesmus quadricanda*	√			
蓝藻门	**Cyanophyta**				
红海束毛藻	*Trichodesmium erythraeum*	√	√	√	
汉氏束毛藻	*Trichodesmium hildebrandtii*	√			

附录8 红树林浮游动物名录

类别	中文名	拉丁名	临高		儋州	
			秋季	春季	秋季	春季
被囊类	小齿海樽	*Doliolum denticulatum*	√			√
	异体住囊虫	*Oikopleura dioica*	√	√		
端足类	钝巧蛾	*Phronima atlantica*			√	
	瘦拟丽蛾	*Paralycaea gracilis*	√		√	
多毛类	水蚕	*Naiades cantrainii*	√	√	√	
	凯氏浮蚕	*Tomopteris kefersteinii*	√		√	
管水母类	双生水母	*Diphyes chamissonis*	√	√	√	
介形类	针刺真浮萤	*Euconchoecia aculeata*	√	√		
糠虾类	长额刺糠虾	*Acanthomysis logirostris*	√			
磷虾类	尖额磷虾	*Euphausia diomedeaea*	√	√	√	√
	宽额假磷虾	*Pseudeuphausia latifrons*		√	√	
	太平洋磷虾	*Euphausia pacifica*	√			
毛颚类	弱箭虫	*Sagitta delicata*	√	√	√	
	肥胖箭虫	*Sagitta enflata*	√	√	√	√
桡足类	红纺锤水蚤	*Acartia erythraea*	√			
	驼背隆哲水蚤	*Acrocalanus gibber*	√	√	√	√
	长角隆哲水蚤	*Acrocalanus longicornis*	√			
	中华哲水蚤	*Calanus sinicus*	√	√	√	√
	伯氏平头水蚤	*Candacia bradyi*	√	√		
	微刺哲水蚤	*Canthocalanus pauper*	√	√	√	√
	叉胸刺水蚤	*Centropages furcatus*	√			
	挪威小毛猛水蚤	*Microsetella norvegica*				√
	奥氏胸刺水蚤	*Centropages orsinii*	√		√	
	瘦尾胸刺水蚤	*Centropages tenuiremis*	√		√	
	长尾基齿哲水蚤	*Clausocalanus furcatus*	√			
	亚强真哲水蚤	*Eucalanus subcrassus*	√			
	精致真刺水蚤	*Euchaeta concinna*	√	√		
	小唇角水蚤	*Labidocera minuta*	√		√	
	瘦新哲水蚤	*Neocalanus gracilis*	√			
	细长腹剑水蚤	*Oithona attenuata*	√	√	√	√
	短角长腹剑水蚤	*Oithona brevicornis*	√			

类别	中文名	拉丁名	临高		儋州	
			秋季	春季	秋季	春季
桡足类	伪长腹剑水蚤	*Oithona fallax*	√		√	
	羽长腹剑水蚤	*Oithona setiera*	√		√	
	拟长腹剑水蚤	*Oithona similis*	√			
	背隆突水蚤	*Oncaea clevei*	√		√	
	针刺拟哲水蚤	*Paracalanus aculeatus*	√	√	√	√
	小拟哲水蚤	*Paracalanus parvus*	√	√	√	√
	中华胸刺水蚤	*Centropages sinensis*			√	
	尖额谐猛水蚤	*Euterpe acutifrons*			√	√
	双尖叶水蚤	*Sapphirina bicuspidata*			√	√
	角锚哲水蚤	*Rhincalanus cornutus*	√			
	异尾宽水蚤	*Temora discaudata*	√	√		
	锥形宽水蚤	*Temora turbinata*	√	√	√	
	分叉小猛水蚤	*Tisbe furcata*	√			
十足类	亨生莹虾	*Lucifer hanseni*	√		√	
	中国毛虾	*Acetes chinensis*		√		
	中型莹虾	*Lucifer intermedius*	√	√	√	√
	正型莹虾	*Lucifer typus*	√	√	√	√
水螅水母类	半口壮丽水母	*Aglaura hemistoma*		√	√	
	四叶小舌水母	*Liriope tetraphylla*		√		
	双手水母	*Amphinema dinema*	√			
翼足类	尖笔帽螺	*Creseis acicula*			√	
枝角类	鸟喙尖头溞	*Penilia avirostris*	√	√	√	
浮游幼体	短尾类幼体	Brachyura larva	√	√	√	√
	长尾类幼体	Macruran larva	√	√	√	√
	阿利玛幼虫	Alima larva				√
	长腕类幼体	Ophiopluteus larva	√		√	
	磁蟹溞状幼体	Porcellana zoea larva	√	√	√	√
	中华绒螯蟹幼体	*Eriocheir sinensis* larva			√	
	锯缘青蟹幼体	*Scylla serrata* larva	√			
其他	鱼卵	Fish egg	√	√	√	√
	仔鱼	Fish larva	√	√	√	√

附录9　红树林鸟类名录

科名	属名	中文名	拉丁名	临高	儋州
鹭科	白鹭属	白鹭	*Egretta garzetta*	√	√
	绿鹭属	绿鹭	*Butorides striatus*	√	√
	鹭属	苍鹭	*Ardea cinerea*	√	√
		大白鹭	*Ardea alba*	√	√
丘鹬科	池鹭属	池鹭	*Ardeola bacchus*	√	√
	杓鹬属	中杓鹬	*Numenius phaeopus*	√	
		白腰杓鹬	*Numenius arquata*	√	
	翻石鹬属	翻石鹬	*Arenaria interpres*	√	
	塍鹬属	黑尾塍鹬	*Limosa limosa*	√	
	矶鹬属	矶鹬	*Actitis hypoleucos*	√	√
	鹬属	泽鹬	*Tringa stagnatilis*	√	√
		青脚鹬	*Tringa nebularia*	√	
		红脚鹬	*Tringa totanus*	√	√
翠鸟科	翡翠属	白胸翡翠	*Halcyon smyrnensis*	√	√
	鱼狗属	斑鱼狗	*Ceryle rudis*		√
	翠鸟属	普通翠鸟	*Alcedo atthis*	√	
鸻科	鸻属	金眶鸻	*Charadrius dubius*	√	√
		铁嘴沙鸻	*Charadrius leschenaultii*	√	
		蒙古沙鸻	*Charadrius mongolus*	√	√
	金鸻属	金斑鸻	*Pluvialis dominica*	√	√
秧鸡科	苦恶鸟属	白胸苦恶鸟	*Amaurornis phoenicurus*	√	
卷尾科	卷尾属	黑卷尾	*Dicrurus macrocercus*	√	√
鸠鸽科	斑鸠属	珠颈斑鸠	*Streptopelia chinensis*	√	√
鹎科	鹎属	白头鹎	*Pycnonotus sinensis*	√	√
	树鸭属	栗树鸭	*Dendrocygna javanica*	√	
杜鹃科	杜鹃属	四声杜鹃	*Cuculus micropterus*	√	√

科名	属名	中文名	拉丁名	临高	儋州
鸫科	鹊鸲属	鹊鸲	*Copsychus saularis*	√	√
雨燕科	雨燕属	小白腰雨燕	*Apus affinis*	√	√
燕科	燕属	家燕	*Hirundo rustica*	√	√
鸦鹃科	鸦鹃属	褐翅鸦鹃	*Centropus sinensis*	√	√
椋鸟科	八哥属	八哥	*Acridotheres cristatellus*	√	
鹰科	鹰属	褐耳鹰	*Accipiter badius*	√	
	鸢属	黑耳鸢	*Milvus lineatus*	√	
鹮科	琵鹭属	黑脸琵鹭	*Platalea minor*	√	
鹡鸰科	鹡鸰属	白鹡鸰	*Motacilla alba*		√
		灰鹡鸰	*Motacilla cinerea*		√
绣眼鸟科	绣眼鸟属	暗绿绣眼鸟	*Zosterops japonicus*		√
雉科	鹧鸪属	中华鹧鸪	*Francolinus pintadeanus*		√

附录10 红树林大型底栖动物名录

中文名	拉丁名	临高	儋州
艾氏活额寄居蟹	*Diogenes edwardsii*		√
斑肋滨螺	*Mangrove gastropod*	√	
波纹滨螺	*Littorina undulate*	√	√
布氏蚶	*Arca boucardi*	√	√
彩虹明樱蛤	*Moerella iridescens*	√	√
彩拟蟹守螺	*Cerithidea ornata*	√	
齿舌拟蜑螺	*Neritopsis radula*	√	
蝐螺	*Umbonium vestiarium*	√	√
粗糙滨螺	*Littorina scabra*		√
东方海笋	*Pholas orientalis*	√	
方斑玉螺	*Naticarius onca*		√
辐射荚蛏	*Siliqua radiata*		√
斧文蛤	*Meretrix lamarckii*	√	
鸽螺	*Peristernia nassatula*	√	
格纹玉螺	*Natica gultieriana*		√
沟纹笋光螺	*Terebralia sulcata*		√
光织纹螺	*Nassarius rutilans*	√	√
核果螺	*Drupa morum*	√	
褐线蛾螺	*Japeuthria cingulata*	√	
红口榧螺	*Oliva miniacea*	√	
红明樱蛤	*Moerella rutila*	√	√
红侍女螺	*Ancilla rubiginosa*	√	
红树拟蟹守螺	*Cerithidea rhizophorarum*		√
节蝾螺	*Turbo articulatus*		√
近江牡砺	*Crassostrea rivularis*	√	
粒结螺	*Morula granulate*		√
鳞杓拿蛤	*Anomalocardia squamosa*	√	√
隆线强蟹	*Eucrate crenata*	√	√
绿螂	*Glaucomya chinensis*	√	√
猫耳螺	*Otopleura auriscati*	√	

中文名	拉丁名	临高	儋州
猫爪牡蛎	*Ostrea pestigris*	√	
毛蚶	*Scapharca subcrenata*	√	√
明显相手蟹	*Sesarma tangirathbun*		√
欧文虫	*Owenia fusiformis*	√	
浅缝骨螺	*Murex trapa*		√
日本鼓虾	*Alpheus japonicus*	√	
善泳蟳	*Charybdis natator*	√	√
少牙斑鲆	*Pseudorhombus oligodon*	√	
斯氏仿缢蛏	*Sinonovacula constricta*	√	
突畸心蛤	*Anomalocardia producta*	√	
文蛤	*Meretrix meretrix*	√	
纹藤壶	*Balanus amphitrite*	√	√
武士蟳	*Charybdis miles*	√	√
西施舌	*Mactra antiquata*		√
细纹梯形蟹	*Trapezia reticulata*		√
秀丽织纹螺	*Nassarius dealbatus*	√	
岩虫	*Marphysa sanguinea*	√	
衣紫蛤	*Psammotaena togata*	√	
异白樱蛤	*Macoma incongrua*	√	√
蜘蛛螺	*Lambis lambis*	√	
中国毛虾	*Acetes chinensis*		√
中间拟滨螺	*Littorinopsis intermedia*	√	√
周氏突齿沙蚕	*Leonnates indicus*		√
珠带拟蟹守螺	*Cerithidea cingulata*		√
紫栖珊瑚螺	*Coralliophila neritoidea*	√	
棕板蛇尾	*Ophiomaza cacaotica*	√	
总角截蛏	*Solecurtus divaricatus*		√
纵带滩栖螺	*Batillaris zonalis*	√	√
纵褶环肋螺	*Cirsotrema edgari*	√	

附录11　珊瑚名录

科名	属名	中文名	拉丁名	临高		儋州		昌江	
				秋季	春季	秋季	春季	秋季	春季
鹿角珊瑚	蔷薇珊瑚	脉状蔷薇珊瑚	*Montipora venosa*		√	√		√	√
		圆突蔷薇珊瑚	*Montipora danae*			√		√	√
		平展蔷薇珊瑚	*Montipora solanderi*						√
	鹿角珊瑚	指形鹿角珊瑚	*Acropora digitifera*		√				
		粗野鹿角珊瑚	*Acropora humilis*			√			√
		浪花鹿角珊瑚	*Acropora cytherea*			√			
		壮实鹿角珊瑚	*Acropora robusta*						√
		风信子鹿角珊瑚	*Acropora hyacinthus*					√	√
		强壮鹿角珊瑚	*Acropora valida*			√	√	√	√
		多孔鹿角珊瑚	*Acropora millepora*			√	√	√	√
		伞房鹿角珊瑚	*Acropora corymbosa*			√	√	√	√
		霜鹿角珊瑚	*Acropora pruinosa*		√				
铁星珊瑚	沙珊瑚	毗邻沙珊瑚	*Psammocora contigua*	√	√	√	√	√	√
	假铁星珊瑚	假铁星珊瑚	*Pseudosiderastrea tayamai*					√	√
菌珊瑚	牡丹珊瑚	十字牡丹珊瑚	*Pavona decussata*	√	√	√	√	√	√
		易变牡丹珊瑚	*Pavona varians*	√	√	√	√	√	√
	厚丝珊瑚	褶皱厚丝珊瑚	*Pachyseris rugosa*						√
滨珊瑚	滨珊瑚	澄黄滨珊瑚	*Porites lutea*	√	√	√	√	√	√
		普哥滨珊瑚	*Porites pukoensis*	√	√	√	√	√	√
		扁枝滨珊瑚	*Porites andrewsi*						√
	角孔珊瑚	二异角孔珊瑚	*Goniopora duofasciata*	√	√	√	√	√	√
		柱角孔珊瑚	*Goniopora columna*			√	√		
枇杷珊瑚	盔形珊瑚	丛生盔形珊瑚	*Galaxea fascicularis*	√	√	√	√	√	√

科名	属名	中文名	拉丁名	临高		儋州		昌江	
				秋季	春季	秋季	春季	秋季	春季
裸肋珊瑚	刺柄珊瑚	腐蚀刺柄珊瑚	*Hydnophora exesa*		√		√		
		邻基刺柄珊瑚	*Hydnophora contignatio*	√	√	√	√	√	√
	裸肋珊瑚	阔裸肋珊瑚	*Merulina ampliata*						√
	葶叶珊瑚	葶叶珊瑚	*Scapophyllia cylindrica*						√
蜂巢珊瑚	蜂巢珊瑚	标准蜂巢珊瑚	*Favia speciosa*	√	√	√	√	√	√
		带刺蜂巢珊瑚	*Favia stelligera*		√		√	√	√
		美龙氏蜂巢珊瑚	*Favia veroni*					√	√
		神龙岛蜂巢珊瑚	*Favia lizardensis*				√		
		翘齿蜂巢珊瑚	*Favia matthaii*		√				
	角蜂巢珊瑚	秘密角蜂巢珊瑚	*Favites abdita*	√	√	√	√	√	√
		五边角蜂巢珊瑚	*Favites pentagona*					√	√
		板叶角蜂巢珊瑚	*Favites complanata*			√	√		
		尖丘角蜂巢珊瑚	*Favites acuticollis*	√	√				
		多弯角蜂巢珊瑚	*Favites flexuosa*	√	√	√	√	√	√
	菊花珊瑚	网状菊花珊瑚	*Goniastrea retiformis*	√	√	√	√	√	√
		梳状菊花珊瑚	*Goniastrea pectinata*	√	√	√	√		
	刺孔珊瑚	宝石刺孔珊瑚	*Echinopora gemmacea*		√				
	同星珊瑚	多孔同星珊瑚	*Plesiastrea versipora*					√	√
	双星珊瑚	同双星珊瑚	*Diploastrea heliopora*		√			√	√
	扁脑珊瑚	精巧扁脑珊瑚	*Platygyra daedalea*	√	√	√	√	√	√
		肉质扁脑珊瑚	*Platygyra carnosus*	√	√	√	√	√	√
		中华扁脑珊瑚	*Platygyra sinensis*					√	√
	肠珊瑚	弗利吉亚肠珊瑚	*Leptoria phrygia*					√	√
	圆菊珊瑚	圆菊珊瑚	*Montastrea* sp.		√				

科名	属名	中文名	拉丁名	临高		儋州		昌江	
				秋季	春季	秋季	春季	秋季	春季
褶叶珊瑚	棘星珊瑚	棘星珊瑚	*Acanthastrea echinata*		√				
		联合棘星珊瑚	*Acanthastrea hemprichii*					√	√
	叶状珊瑚	赫氏叶状珊瑚	*Lobophyllia hempricii*	√	√		√	√	√
		伞房叶状珊瑚	*Lobophytlia corymbosa*			√	√		
	合叶珊瑚	菌状合叶珊瑚	*Symphyllia agaricia*	√	√	√	√	√	√
		辐射合叶珊瑚	*Symphyllia radians*			√		√	√
梳状珊瑚	刺叶珊瑚	粗糙刺叶珊瑚	*Echinophyllia aspera*		√			√	√
木珊瑚	陀螺珊瑚	小星陀螺珊瑚	*Turbinaria stellulata*	√	√	√			
		盾形陀螺珊瑚	*Turbinaria peltata*	√	√	√	√	√	√
	筒星珊瑚	猩红筒星珊瑚	*Tubastrea coccinea*						√
齿珊瑚	齿珊瑚	齿珊瑚	*Oulangia stokesiana*		√				

图 版

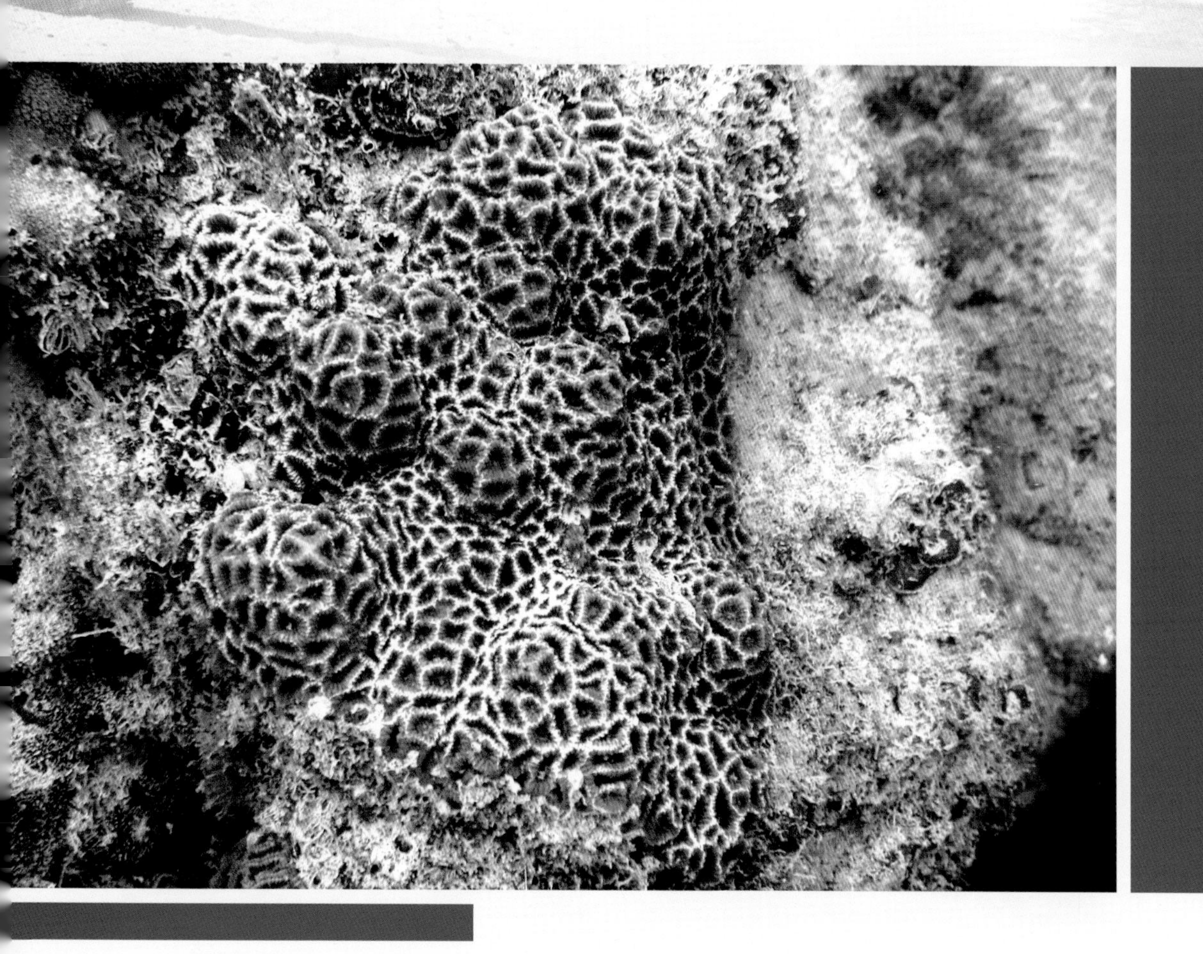

桐花树（*Aegiceras corniculatum*）

海漆（*Excoecaria agallocha*）

白骨壤（*Aricennia marina*）

红海榄（*Rhizophora stylosa*）

榄李（*Lumnitzera racemosa*）

木榄（*Bruguiera gymnorrhiza*）

角果木（*Ceriops tagal*）

卤蕨（*Acrostichum aureum*）

秋茄（*Kandelia candel*）

许树（*Clerodendrum inerme*）（也叫苦郎树）

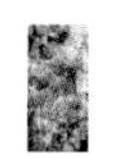

阔苞菊（*Pluchea indice*）

黄槿（*Hibiscus tiliaceus*）

雀榕（*Ficus superba*）

酒饼簕（*Atalantia buxifolia*）

露兜树（*Pandanus tectorius*）

刺果苏木（*Caesalpinia bonduc*）

刺葵（*Phoenix canariensis*）

马鞍藤（*Ipomoea pescaprae*）

草海桐（*Scaevola sericea*）

台湾相思树（*Acacia confusa*）

老鼠簕（*Acanthus ilicifolius*）

脉状蔷薇珊瑚（*Montipora venosa*）

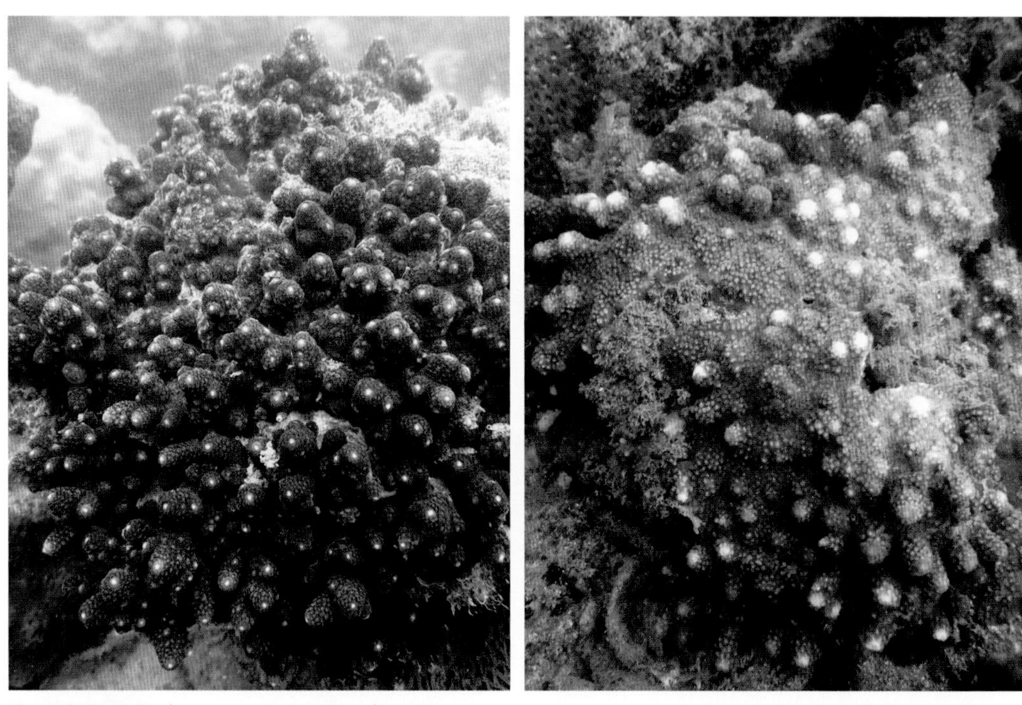

指形鹿角珊瑚（*Acropora digitifera*）

霜鹿角珊瑚（*Acropora pruinosa*）

滨珊瑚之一种（*Porites* sp.）

柱角孔珊瑚（*Goniopora columna*）

丛生盔形珊瑚（*Galaxea fascicularis*）

腐蚀刺柄珊瑚（*Hydnophora exesa*）

神龙岛蜂巢珊瑚（*Favia lizardensis*）

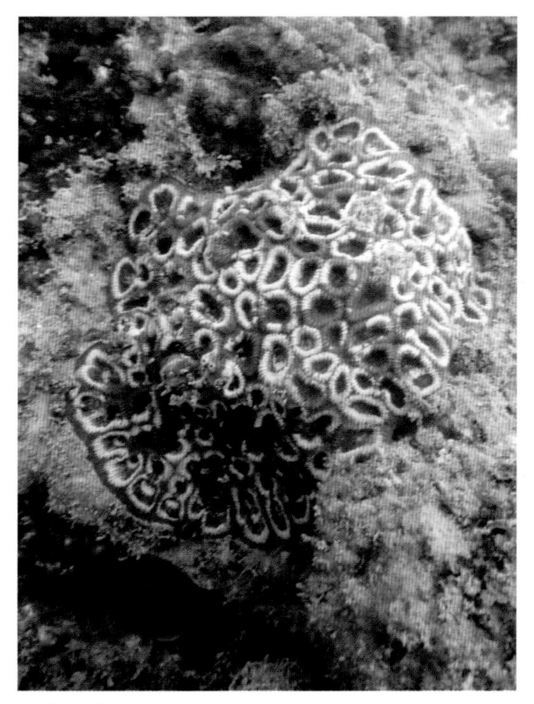

标准蜂巢珊瑚（*Favia speciosa*）

美龙氏蜂巢珊瑚（*Favia veroni*）

尖丘角蜂巢珊瑚（*Favites acuticollis*）

多弯角蜂巢珊瑚（*Favites flexuosa*）

秘密角蜂巢珊瑚（*Favites abdita*）

多孔同星珊瑚（*Plesiastrea versipora*）

赫氏叶状珊瑚（*Lobophyllia hempricii*）

伞房叶状珊瑚（*Lobophyllia corymbosa*）

肉质扁脑珊瑚（*Platygyra carnosus*）

联合棘星珊瑚（*Acanthastrea hemprichii*）

粗糙刺叶珊瑚（*Echinophyllia aspera*）

十字牡丹珊瑚（*Pavona decussata*）

四色篷锥海葵（*Entacmaea quadricolor*）

刺冠海胆（*Diadema setosum*）

群体海葵之一种（*Discosoma* cf. *rhodostoma*）

玉足海参（*Holothuria leucospilota*）

皱叶马尾藻（*Sargassum crispifolium*）

囊藻（*Colpomenia sinuosa*）

甲米地天竺鲷（*Apogon cavitiensis*）（中国大陆新记录种）

黄斑海蜇（*Rhopilema hispidum*）